KB019866

이정미(라엘라) 지음

Prologue

"나는 살 안 찌는 체질이 아니라 살 안 찌는 식습관을 가졌다"

14년 전, 3달 만에 체중이 9kg 이상 급격히 늘었어요. 예전에는 살찐 적이 없었는데 급격히 살이 찐 이유는 미국 유학을 가면서 그동안 먹었던 식단과는 전혀 다른 인스턴트, 패스트푸드 등 고칼로리의 간편한 음식으로 식습관이 바뀌어 버렸기 때문이었어요. 다시 한국으로 돌아와 자연스럽게 원래의 식습관, 이 책에서 소개할 칼로리컷 다이어트 식단으로 바꾸니 갑자기 찐 살을 3~4개월 만에 모두 감량할 수 있었습니다. 이로 인해 평소 식습관이 다이어트에 얼마나 중요한지 크게 느낄 수 있었지요.

그렇게 쌓인 칼로리컷 다이어트 노하우와 레시피를 유튜브에서 소개했고, 시청자의 반응은 매우 뜨거웠습니다. 칼로리컷 레시피로 맛있게 먹으면서도 체중을 10kg 이상 감량하셨다는 분, 다이어트 중에는 절대 먹을 수 없다고 생각한 음식을 만들어 먹어서 행복하다는 분 등 많은 다이어터들의 이런 후기를 들을 때마다 정말 기쁘고 보람을 느끼지요. 그래서 꾸준히 건강 서적을 읽고, 레시피를 연구합니다. 더 좋은 다이어트 정보와 식단을 알려드리려고요.

저는 칼로리컷 다이어트 레시피로 다이어트 성공 후 13년간 요요 없이 같은 몸매를 유지하고 있습니다. 제가 맛있는 저칼로리 음식으로 쉽게 살을 뺀 것처럼, 많은 다이어터와 유지어터에게 살찌지 않게 요리하는 것이 생각보다 정말 간단하다고 알려드리고 싶습니다. 일시적으로 굶거나, 요리책을 보고 따라 해야 하는 '특별한' 식단은 의지력만으로는 유지하기 어려워 포기하게 되고, 요요와 다이어트를 되풀이하게 될 수밖에 없어요! 이 책이 닭가슴살, 고구마, 샐러드 같은 다이어트 식단에 지치신 분들에게 한 줄기 빛이 되었으면 합니다.

절대 실패하지 않는
다이어트 3단계

다이어트는 식단도 중요하지만, 효과를 높일 수 있게 계획 세우는 일도 중요해요. 실패 없는 다이어트를 위한 꿀팁이니 끝까지 읽어보세요!

STEP 1(워밍업 4주)

1~2주

내 몸에 '다이어트 시작' 신호를 보내는 기간 **"평소 식사량의 2/3만 섭취하기"**

다이어트를 시작할 때 너무 급격히 식사량을 줄이면 예전보다 너무 적은 양을 섭취하게 되고, 몸은 자연스럽게 기존의 칼로리만큼 섭취하고 싶어 하므로 식욕이 더 많이 생겨요. 그래서 군것질을 하게 되고, 오히려 더 많은 칼로리를 섭취해 다이어트 실패 확률이 높아집니다.
이 기간이 2주인 이유는, 줄어든 식사량에 맞춰 위가 줄어들고 적응할 수 있는 최소한의 기간이기 때문이에요. 2주 후에는 식사량이 준 만큼 위도 줄어들어 배고픔과 식욕이 줄어든답니다.

3~4주

식욕을 없애 본격적인 다이어트를 준비하는 기간 **"간식 끊기"**

우리 장에는 유익균과 유해균이 있는데, 유해균은 달고 짜고 기름진 음식을 좋아해요. 그래서 유해균이 많을수록 인스턴트, 기름진 음식, 과자 같은 음식을 먹고 싶은 욕구가 많아져요. 그 식욕을

이기지 못해 이런 음식을 자주 섭취하면 유해균은 더 많아지게 되어 점점 더 살이 찌는 악순환이 반복되는 거예요.
의식적으로 일정 기간 간식을 끊으면 유해균은 점점 줄어들어 군것질하고 싶은 욕구도 줄어든답니다. 이 기간을 잘 지키면 간식 생각이 간절하지 않게 되니 힘들더라도 조금 노력해보세요.

TIP! 간식을 끊기가 힘든 분은 수시로 물 마시는 습관을 들여보세요
거짓 식욕을 달래주고, 포만감을 주어 다이어트 효과를 더 높여준답니다.
생수 마시는 것이 어렵다면 카페인이 없는 허브티나 수용성 섬유질이 있는 우엉차도 좋아요.

STEP 2(원하는 감량 무게(kg)의 80% 달성할 때까지)

식단 관리를 통한 본격 체중 감량기

"하루 권장 섭취 칼로리보다 **600kcal 적게 먹기** & **하루 1시간 운동하기**"

TIP! 성인 하루 권장 섭취 칼로리 계산하기

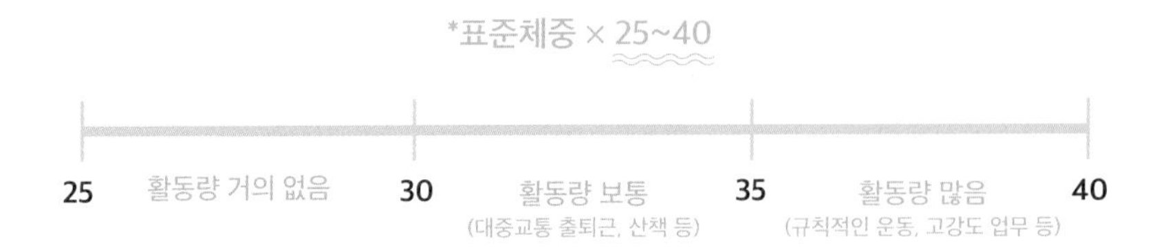

*표준체중 : (본인 키-100) × 0.9

이 단계는 본격적인 다이어트를 하며 집중적으로 체중을 가장 많이 감량할 수 있는 기간이에요.
다이어트식이라고 하면 무조건 적게, 싱겁게 먹거나, 토마토, 닭가슴살, 채소 등의 식재료로 만든 음식이 떠오르시죠? 하지만 이렇게 평소와 너무 다른 식단은 무너지기 쉽고, 요요가 오기 쉬워요.
특히 2단계는 꽤 긴 기간에 걸쳐 유지해야 하므로 실천 가능한 식단을 추천해요.
이 책에서 소개하는 칼로리컷 레시피를 참고해서 칼로리가 낮은 식재료, 양념, 조리법을 익히고 실천하면 살찌지 않는 체질이 아니라도 살찌지 않는 습관으로 평생 예쁜 몸매를 유지할 수 있을거예요. 다이어트는 절대 어려운 일이 아니에요. 지금의 습관을 조금만 바꾸면 That's OK!

그리고 이미 4주간 다이어트 워밍업 기간을 잘 지켰다면 어렵지 않게 2단계를 실천할 수 있으니 걱정하지 마세요.

또한 이 기간에 식단 관리와 함께 하루 1간 이내로 운동하면 '살 안 찌는 체질'로 만들 수 있어요. 유산소 운동이 다이어트에 효과적이긴 하지만 근력 운동도 빼놓으면 안 됩니다. 근력 운동을 해야 근육량이 늘고, 근육량이 늘어야 기초대사량(신진대사율)이 증가하기 때문에 흔히 말하는 '살 안 찌는 체질'로 만들 수 있어요.

TIP! 근력 & 유산소 운동 추천 루틴

첫 번째 달 : 근력 운동 20분 / 유산소 운동 20분

두 번째 달 : 근력 운동 30분 / 유산소 운동 20분

세 번째 달 : 근력 운동 40분 / 유산소 운동 20분

STEP 3(원하는 감량 부게(kg)의 100% 달성 및 유지)

평생 유지할 수 있는 '칼로리컷 습관' 완성기

"하루 권장 **칼로리만큼**, 또는 **300kcal 적게 먹기**"

STEP 2까지 잘 실천했다면 우리 몸은 다이어트 전보다 훨씬 날씬한 몸매를 유지하려고 할 거예요. 방심은 금물이지만, 지난 기간 동안 잘 참았던 우리에게 보상을 해줘야겠죠? 이때부터는 먹고 싶었던 음식을 먹어도 돼요. 단, 하루에 먹는 음식 중에서 건강식 80%, 먹고 싶은 음식 20% 비율을 지키면 됩니다. 이 단계는 유지어터라면 평생 지속해야 하는 습관이에요. '평생'이라는 단어가 무겁게 느껴지시나요? 하지만, STEP 3까지 달성한 당신이라면 '칼로리컷 습관'에 익숙해져서 생각보다 어렵지 않을 거예요. 또한 이 책에서 소개하는 다양한 칼로리컷 다이어트 레시피들과 다음장에서 소개할 사소하지만, 엄청 효과적인 '저절로 살 빠지는 생활습관'까지 실천한다면, 누구나 인생 몸매를 만들어 평생 유지할 수 있어요. 모두 파이팅 하세요!

저절로
살 빠지는 생활습관

1. 식사 20 분 전 견과류 먹기

식사량이 줄면 식사가 빨리 끝나게 되므로 포만감을 느끼지 못할 수 있어요. 식사 20분전에 견과류를 먹으면 뇌에 배가 부르다는 신호를 더 빨리 보내는 속임수를 쓸 수 있지요. 하지만 견과류도 칼로리가 높은 편이니, 아몬드는 10개, 땅콩은 15개, 호두는 5개 정도만 드세요.

2. 유산균 챙겨 먹기

다양한 균주로 만들어진 유산균 제품을 선택해 아침 공복에 드세요. 장 속에 유익균이 늘어나면 다이어트 전과 같은 양의 음식을 먹어도 살이 덜 찌는 체질로 바꿀 수 있어요. 현재 나의 장내 세균 상태를 알 수 있는 쉬운 방법은 내가 주로 먹고 싶은 음식이 어떤 것인지 생각해보면 알 수 있습니다. 장에 유익균이 많을수록 유익균의 먹이(섬유질)가 되는 신선한 채소 같은 음식이 끌리고, 유해균이 많을수록 유해균의 먹이(당류)가 되는 단 음식이 먹고 싶답니다.

3. 따뜻한 물 마시기

마시는 물의 온도에 따라 우리 몸의 체온이 달라진답니다. 차가운 물은 몸의 체온을 떨어뜨리고, 몸의 체온이 떨어지면 신진대사 기능과 면역력이 약해진답니다. 또 물의 온도에 따라 지방의 연소 속도 또한 달라질 수 있어요! 따뜻한 물을 마시면 체내 신진대사 속도가 증가하고, 혈액순환이 개선되며, 지방의 연소 속도도 더 빨라지지요.

4. 식품 라벨(성분표) 보는 습관 들이기

식품을 구입할 때 광고 문구만 믿지 말고, 제품 뒷면에 적힌 '원재료명 및 함량'을 꼭 확인하세요.

건강한 음식처럼 광고했지만, 막상 성분을 보면 그렇지 않은 경우가 많답니다. 합성 화학물질과 같은 안 좋은 성분이나, 액상과당, 설탕 등이 얼마나 들어있는지 확인하고 고르는 것이 좋아요.

5. 나만의 스트레스 관리법 만들기

스트레스를 받으면, 식욕 감소 호르몬의 분비를 억제해 식욕이 왕성해져요. 그래서 나만의 스트레스 관리법을 한두 개 가지고 있는 건 정말 중요해요. 먹는 것으로 스트레스를 푼다면 노트에 적어보고, 먹는 것의 종류를 칼로리컷! 해보세요. 예를 들어 스트레스가 쌓이면 단 음식을 먹는다면, 단 음식을 향이 강한 따뜻한 차나 과일로 바꿔보세요. 이 공식을 실천하려고 노력하면 언젠간 익숙해지고, 차차 먹는 것에서 행동하는 어떤 것으로까지 변화시킬 수 있어요.

6. 잠 충분히 자기

하루 7~8시간 동안 충분히 숙면하지 못할 경우, 몸은 정상적인 양의 행복 호르몬을 분비하지 못한답니다. 그래서 행복 호르몬을 훨씬 빨리 분비시켜주는 단 음식을 먹어 부족한 행복 호르몬을 채우려고 하지요. 그래서 스트레스가 많고, 과도한 업무로 피로한 날에는 단 음식이 당기는 것이랍니다. 충분한 수면은 가장 쉬운 식욕 억제 방법이니 꼭 지켜보세요.

7. 추가로 칼로리를 태우는 습관 만들기

버스는 한 정거장 전에 내려 목적지까지 걸어가기, 에스컬레이터 대신 계단, TV 보며 스트레칭하기 등 일상생활에서 몸을 가능한 한 많이 움직이세요. 이런 사소한 움직임이 습관이 되면 하루에 추가로 소비되는 칼로리가 훨씬 많아집니다.

8. 내 몸 사랑하기

나 자신을 그 누구보다도 사랑하게 되면 내가 먹고, 마시고, 바르는 것에 깐깐해지게 되고 자연스레 식품과 화장품의 성분을 꼼꼼히 확인하게 돼요. 다이어트도 마찬가지입니다. 내 몸을 혹사하는 것이 아니라, 내 몸을 위해 노력하는 것이 되어야 해요. 나를 위해 조금 더 깐깐해지세요.

Part 2.
특별하게 즐기는 한 끼
_ 칼로리컷 일품요리

Part 3.
달콤한 충전
_ 칼로리컷 디저트

Part 4.
이것저것 다 귀찮을 땐,
_ 100 칼로리컷 3분 요리

Calorie Cut

Low

Recipe

Intro.
칼로리컷 다이어트

기본 가이드

칼로리컷 다이어트를 시작하기에 앞서 알아두어야 할 기본 지식들을 담았습니다.
또한, 어떤 다이어트 요리에도 잘 활용할 수 있는 칼로리컷 기본 밥, 곁들임 메뉴, 드레싱, 스무디 등 15가지를 소개하니 알차게 활용해보세요!

he CUT DIET Recipe

칼로리컷 다이어트 레시피란?

칼로리는 음식으로 얻을 수 있는 에너지의 단위예요. 식품의 성분을 파악할 때 기본적으로 등장하는 수치이며, 특히 다이어트할 때 가장 신경 쓰게 되는 수치지요.
이 책에서 제안하는 '칼로리컷 다이어트'는 식사 때마다 칼로리를 계산하자는 의미가 아닙니다. 칼로리가 높고 낮은 식재료와 음식에 대해 잘 알고 같은 맛, 같은 음식이라도 좀 더 건강하고 다이어트에 도움이 되도록 바꿔 먹자는 것입니다. 또한 '칼로리컷 다이어트 레시피'는 고칼로리 음식의 조리법과 식재료를 바꿔 아는 맛의 칼로리를 확 낮춘 레시피입니다. 다이어트하면서도 먹고 싶은 음식을 먹을 수 있어 스트레스가 적고, 다이어트 식단을 조금 더 쉽게 실천 할 수 있도록 도와줄 거예요.

칼로리컷 다이어트 레시피의 장점

채소를 듬뿍 섭취할 수 있는 레시피입니다

각종 채소에는 천연 색소 성분인 파이토케미컬과 각종 비타민, 무기질이 풍부해요. 식이섬유도 많이 섭취할 수 있어 채소를 많이 먹으면 포만감이 오래가고 변비도 예방, 해소할 수 있습니다.

지방은 체내에 축적되지 않고, 에너지원으로 사용되는 코코넛오일을 사용했어요

코코넛오일은 콩기름, 포도씨유, 올리브유보다 칼로리가 약간 낮고 축적된 체내 지방을 태우는 데에도 도움을 줍니다.

단백질은 너무 과하지 않게, 적당량 섭취할 수 있습니다

단백질이 우리 몸의 필수 구성요소는 맞지만, 주요 에너지원은 아니기에 과하게 섭취할 경우 간에 무리를 줄 수 있어요. 자신의 몸 상태에 맞춰 단백질 식품은 한 끼니에 100g 정도 섭취하는 것이 좋습니다.

쉽고 빠르게 요리할 수 있도록 조리 시간도 단축했습니다

우리가 인스턴트 식품의 유혹에 빠질 때는 요리하기 귀찮거나 바쁠 때인 경우가 많아요. 칼로리컷 다이어트 레시피는 맛과 영양을 생각해 꼭 필요한 재료만 넣고 조리법도 간편하게 만들었어요.

평생 날씬하게! 지속 가능한 다이어트 방법입니다

대부분의 다이어트 방법이 실패하는 이유는 일상적이지 않은 특별한 식단을 제시해 지속하기 어렵기 때문이에요. 칼로리컷 다이어트 레시피는 기본적인 방법만 숙지하면, 누구나 쉽게, 평생 실천할 수 있지요. 또한 다이어트 할 때, 먹고 싶은 음식을 참느라 받았던 스트레스가 없어서 큰 고비 없이 따라 할 수 있어요.

Calorie Cut

레시피 개발 포인트

이제, 칼로리컷 다이어트를 시작하기에 앞서 중요한 몇 가지를 알려드릴게요. 잘 읽어보고 평생 지속 가능한 칼로리컷 다이어트 습관을 길들여 보세요. 생각보다 쉬워서 '진짜 이것만 해도 살이 빠질까?'라는 생각이 들 거예요.

주재료를 바꾸면 칼로리가 확 낮아져요

백미 → 곤약쌀, 발아 현미

※ 100g 기준

곤약쌀

구약의 주성분인 글루코만난으로 만들어진다. 구약나물은 과거 중국에서 비만 치료제로 쓰였으며, 식이섬유가 풍부해 포만감이 좋고 장 활동을 도와준다. 곤약쌀은 곤약면(실곤약)처럼 물과 함께 담겨있는 제품을 사야 하며, 구매 전 곤약의 함량을 꼭 확인하자.

발아 현미

현미가 백미보다 영양분을 더 많이 함유하고 있지만, 현미의 피트산 성분 때문에 이를 분해할 효소가 장에 없는 사람(장이 약한 사람)은 소화에 부담이 될 수 있다. 그래서 추천하는 것이 당 대사에 도움을 주고 장에서의 소화 흡수도 쉬운 발아 현미다. 비타민 B군과 무기질 함량도 더 많다. 시중에 판매되는 발아 현미를 사거나, 일반 현미를 24시간 물에 담가 싹을 틔워 밥을 지어도 좋다.

〈칼로리컷 다이어트 레시피〉에서는 곤약쌀과 발아 현미를 포함한 잡곡을 1:1 비율로 섞은 곤약 잡곡밥을 사용했다.
※ 만드는 법 25쪽 참고

밀가루면 ➡ 파스타면(듀럼밀), 곤약면, 해초면, 포두부

※ 100g 기준

파스타면(듀럼밀)

파스타면은 일반 밀보다 탄수화물 함량은 적고, 단백질과 무기질 함량은 많은 품종인 듀럼밀의 가루, 세몰리나로 만든다. 그래서 파스타면의 *당지수(GI)는 47로 밀가루면 56보다 더 낮다.

**당지수(GI)란? GI는 Glycemic index의 약자로 탄수화물 식품을 섭취한 후 얼마나 빠른 속도로 소화되어 혈중 포도당 농도를 증가시키는지 객관적으로 표시한 지수이다. GI가 높은 음식을 섭취하게 되면 포도당을 분해해 지방으로 저장하는 인슐린은 필요 이상으로 많이 분비된다. 이렇게 분비된 인슐린이 쓰고 남은 에너지를 지방으로 만들어 저장하므로 살이 찌기 쉽다.

곤약면(실곤약)

곤약으로 만든 면으로 100g당 칼로리가 6kcal 정도인, 대표적인 저칼로리 식품이며 식이섬유도 풍부하다. 낮은 칼로리에 비해 포만감이 좋고 장을 자극해 변비 해소에도 도움을 주므로 다이어트 식재료로 적극 추천한다.

해초면

해초는 요오드, 철분, 칼슘, 칼륨과 같은 무기질을 다량 함유하고 있고 식이섬유가 풍부해 다이어트 식단에 좋은 재료이다. 해초면은 밀가루 없이 미역, 다시마 등 해초를 활용해 만든 면으로 칼로리가 100g당 10kcal 정도로 매우 낮다. 식감은 곤약면과 비슷하지만 면발은 조금 더 두껍다.

포두부(면두부, 쌈두부)

두부를 얇게 저며 말린 것으로, 고단백질 식품이다. 쫄깃한 식감이 있어서 면 대용으로 활용하면 좋다. 여러 오픈마켓에서 판매 중이며, 최근에는 수요가 많아지면서 대형 할인마트에서도 구입이 가능하다.

삼겹살, 소고기 등심, 닭다릿살 등 ➡ 콩고기, 소고기 앞다릿살, 닭안심

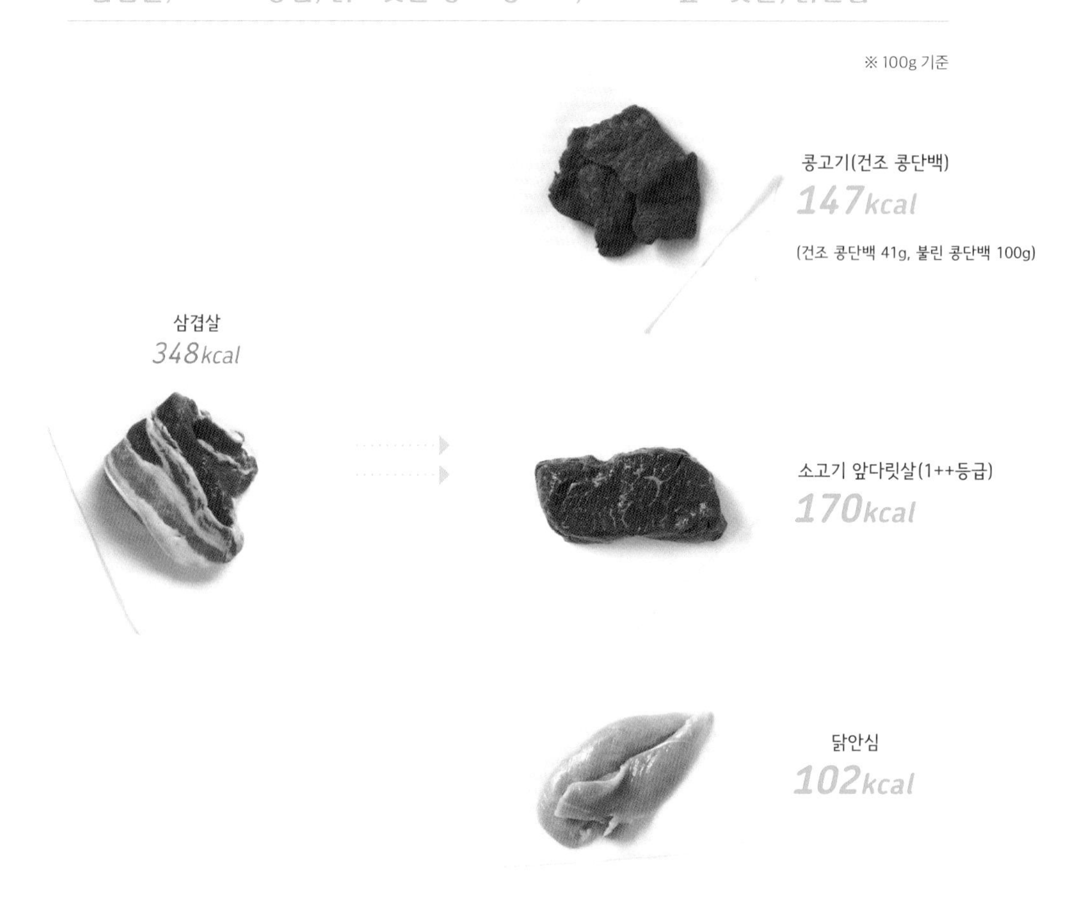

콩고기

콩에서 단백질을 추출하여 만든 제품으로 지방이 없어 칼로리가 적고, 단백질 함량이 높다. 국내에서 판매하고 있는 콩단백 제품은 대부분 NON-GMO 제품이라 안전하다.

소고기 앞다릿살

앞다릿살은 운동량이 많은 부위로 지방 함량이 적어 칼로리가 낮다. 불고기나 장조림 등 담백한 소고기 요리를 하기에 좋고, 가격도 저렴하다.

닭안심

안심살은 가슴살 안쪽에 있는 부위로 지방이 거의 없어 칼로리가 낮다.
단백질 함량과 칼로리는 닭가슴살과 비슷하지만, 식감이 덜 퍽퍽해 다이어트 식재료로 추천한다.

우유, 생크림 ➡ 무가당 두유, 아몬드밀크, 오트밀크 등 식물성 우유

※ 100㎖ 기준

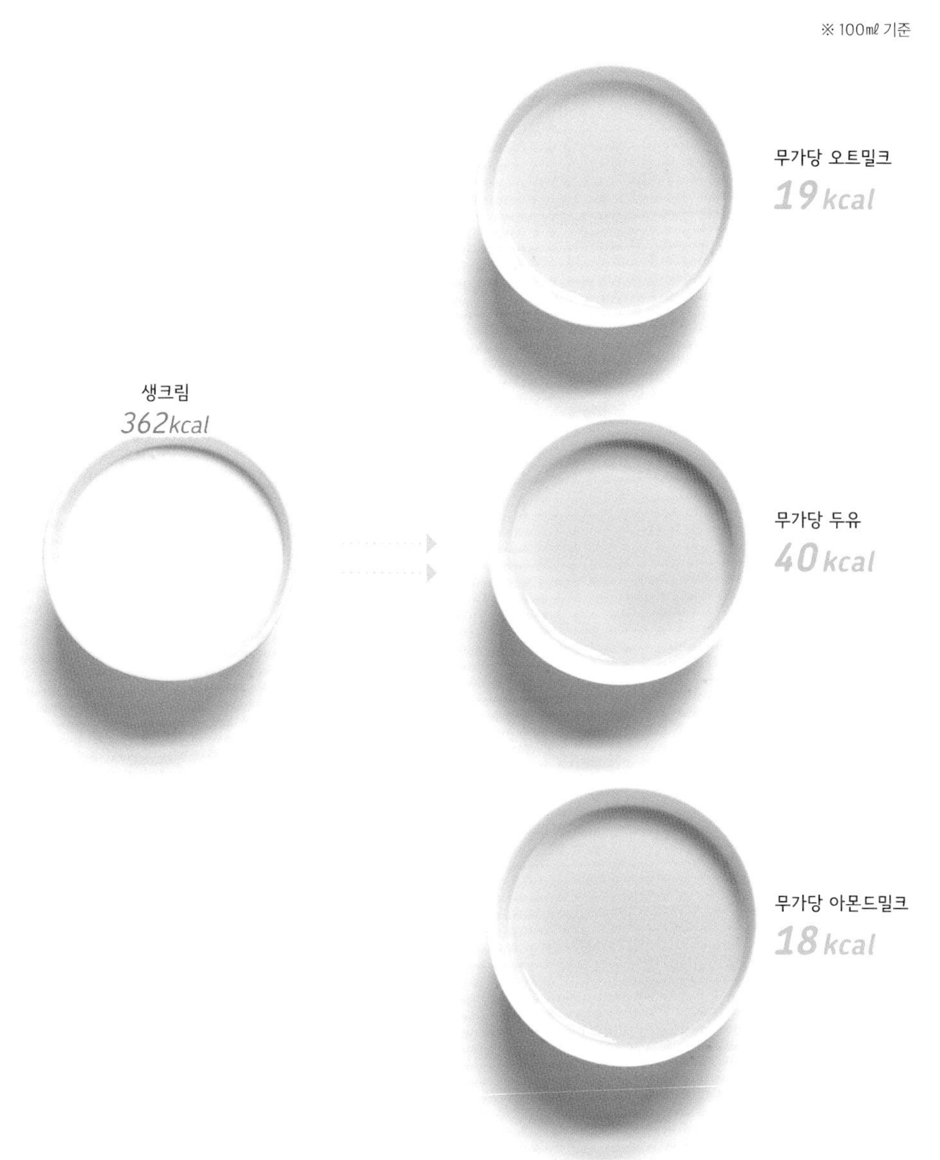

식물성 우유

콩, 견과류, 곡물 등을 물과 함께 곱게 간 음료로 두유가 대표적이다. 우유와 색감과 농도가 비슷해 식물성 우유라고 불리지만, 칼로리가 훨씬 낮고 당분이 적다. 구입 시에는 무가당, 비유전자변형(NON-GMO) 원료를 사용해 만든 제품을 선택하자.

양념 종류를 바꾸면 더 가볍고 맛있어져요

설탕 ➡ 천연 감미료

요리할 때 빼놓을 수 없는 단맛! 하지만 설탕은 다이어트의 최대 적이다. 설탕과 과당(시럽, 단 음료와 같은 단순당)은 혈당과 인슐린 수치를 급격히 올린다. 이는 호르몬 분비에 혼란을 일으켜 포만감을 알려주는 호르몬인 '렙틴'의 신호를 제때 받지 못하게 하고, 과식으로 이어지게 한다. 그래서 칼로리컷 다이어트 레시피는 단맛을 내면서도 혈당과 인슐린 수치를 올리지 않는 대체 감미료를 사용했다.

스테비아

허브의 일종인 스테비아 잎에서 추출한 감미료로 설탕보다 200~300배 달다. 스테비아는 혈당과 인슐린 수치를 올리지 않으며, 0kcal이다. 다른 감미료보다 비싸서 시중에 판매하는 스테비아 제품이 스테비아를 소량 넣고 다른 감미료를 섞어 판매하는 경우가 많다. 대부분 에리스톨과 혼합해서 판매되는데, 이 경우 에리스톨은 NON-GMO 채소를 사용해 만들었는지 확인하는 것이 좋다. 간혹 말토덱스트린과 혼합한 스테비아를 판매하기도 하는데, 말토덱스트린의 *당지수(GI)는 설탕보다 높으므로 피하는 게 좋다.

본 책의 레시피에서는 Now Foods의 유기농 스테비아를 사용했고 다른 대체 감미료가 혼합되지 않은 100% 스테비아이다. 가격은 28g에 7,000원 정도이며, 워낙 소량 사용해 1년 이상 사용할 수 있는 충분한 양이다.

설탕 1컵 = 분말 스테비아 1과 1/2작은술
= 액체 스테비아 2작은술 = 분말 *에리스톨 1과 1/3컵

***에리스톨** 채소에서 얻은 포도당을 발효시켜 만든다. 스테비아와 마찬가지로 혈당과 인슐린 수치를 올리지 않으며 단맛은 설탕의 70% 정도이다. 과립보다 잘 녹는 분말 형태를 추천한다.

코코넛설탕

대부분의 단맛은 설탕 이외의 감미료로 대체할 수 있지만, 머랭을 만들 때나, 요리에 양념을 빨리 배이게 할 때 등 설탕이 꼭 필요할 경우가 있다. 그럴 때는 *당지수(GI)가 35로 낮은(참고 : 설탕의 당지수는 100, 고구마의 당지수 54) 코코넛설탕을 추천한다. 코코넛설탕의 당지수가 더 낮은 이유는 이눌린이라는 섬유질이 포함되어 있기 때문이다. 하지만 칼로리는 일반 설탕과 거의 같아 꼭 필요할 때만 소량 사용하는 것이 좋다.

※ 당지수(GI) 설명 15쪽 참고

식물성 오일 ➡ 정제 코코넛오일

요리용 기름도 신경 쓰자. 지방은 1g당 9kcal로 그 자체로 칼로리가 높지만, 어떤 기름을 사용하느냐에 따라 체내에서 다른 작용을 한다. 기름은 주로 가열 조리 시에 사용하므로 발연점이 높고, 빛, 공기, 열에

강해 쉽게 산화되지 않는 포화지방을 사용하는 것이 좋다. 칼로리컷 다이어트 레시피는 그중에서 가장 대표적인 정제 코코넛오일을 사용했다.

정제 코코넛오일

코코넛오일은 우리가 먹는 일반적인 유지류와 달리 섭취 후 빠르게 에너지원으로 사용된다. 또한 쉽게 산화되지 않는 안정적인 오일이며, 발연점도 높다. 정제 코코넛오일은 정제 과정을 거쳐 코코넛 특유의 향이 없어 코코넛오일 특유의 냄새에 민감한 사람도 거부감 없이 사용할 수 있다. 또한 일반 코코넛오일보다 발연점이 높아(코코넛오일 : 177℃, 정제 코코넛오일 : 232℃) 가열 조리에 더 적합하다.

소금, MSG ➡ 히말라야 핑크 솔트, 베지시즈닝

소금은 다이어트의 적이라고 생각하는 사람이 많다. 하지만 인체는 0.9%의 전해질 농도를 유지해야 한다. 소금의 나트륨은 물과 함께 다니는 성질 때문에 과하게 섭취하면 몸이 붓고, 체중이 약간 증가할 수 있지만, 이는 체수분이 늘어나서 생기는 일시적 현상이다. 물론 저염, 무염식이 선명한 근육을 만드는 데 도움을 주지만 이는 건강에 좋은 식단은 아니다. 적당량의 소금을 섭취하면 혈관에 지방이 끼는 것을 막아 혈액순환과 지방의 소화, 분해를 돕는다.

히말라야 핑크 솔트

대부분의 소금은 정제와 표백 과정을 거치면서 대부분의 미네랄을 잃어버린다. 히말라야 핑크 솔트는 바닷물이 아닌 소금 광산(오래전 바다였던 부분이 육지화되며 남겨진)에서 채취하는데 일반 소금보다 철분, 칼륨, 마그네슘 등 미네랄이 풍부하다.

베지시즈닝

양배추, 표고버섯, 샐러리, 곰보버섯 추출물 등으로 만든 천연 식물성 조미료이다. 음식에 넣으면 MSG처럼 깊은 감칠맛을 준다. 칼로리컷 짜장면, 짬뽕 등 여러 요리에 약간 넣어 조리하면 더 맛있어진다. 간장 분말이 함유되어 있으니 조리 시 참고하자.

설탕 함량이 많은 일반 소스 → 칼로리가 낮고 설탕 함량이 적은 소스류

최근, 다양한 맛과 향을 가진 소스들이 보편화되었다. 칼로리가 낮은 소스들을 다이어트 요리할 때 넣으면 맛이 풍부해져 좋다. 하지만 대부분 설탕이나 조미료가 들어 있는 경우가 많으므로 성분표를 꼼꼼히 살펴 잘 고르고, 되도록 적게 사용하자.

타마리간장

밀 없이 콩으로만 발효해 만든 간장으로 일반 간장보다 탄수화물 함량이 적다. 일반 간장 특유의 쿰쿰한 냄새가 없어 깔끔하다.

살사 소스

살사는 대표적인 멕시칸 소스로 토마토 베이스의 매콤한 소스이다. 토마토와 할라페뇨 페퍼로 만들며, 1작은술(5g) 기준 1kcal이다. 설탕도 첨가되어 있지 않아 다이어트 소스로 추천한다.

머스타드

우리에게 익숙한 허니 머스타드와 달리, 식초, 겨자, 소금, 향신료만 넣어 만든 소스로 허니 머스타드에서 단맛이 빠진 맛이다. 머스타드 1작은술(5g)은 0kcal이고, 당분도 0이다. 샌드위치나 닭가슴살 요리 등에 곁들이면 좋고, 머스타드 2작은술(10g)과 스테비아 1꼬집(0.05g)을 섞어 칼로리컷 달콤 머스타드 소스를 만들어 사용해도 좋다.

홀 그레인 머스타드

머스타드가 겨자씨를 갈아 넣은 소스라면, 홀 그레인 머스타드는 겨자씨가 살아있는 소스다. 성분도 겨자씨, 식초, 정제수, 소금으로 착하고, 샌드위치나 스테이크 등 다양한 요리와 어울린다. 칼로리는 1작은술(5g) 기준 5kcal이다.

스리라차 소스

베트남 쌀국수나 볶음밥 위에 올려 먹는 매콤한 맛의 소스로 홍고추가 68% 정도 들어있다. 고추의 매운맛은 캡사이신(Capsaicin) 성분 때문인데, 캡사이신은 체지방 분해에 도움을 준다. 칼로리는 1작은술(5g)에 5kcal이다.

다양한 향신료

파슬리, 바질, 강황, 후추, 오레가노 등의 허브는 요리의 풍미를 더하고 영양적으로도 우수하다. 오레가노에는 항산화 성분이 시금치의 8배나 들어있고, 강황에는 항염 작용이 뛰어난 커큐미노사이드가 함유되어 있다. 칼로리도 매우 낮아 다양한 요리에 허브를 사용하는 것을 추천한다.

조리법을 바꾸면 더 건강해져요

어떤 재료인지도 중요하지만, 재료 본연의 맛을 살리면서도 칼로리는 낮출 수 있게 조리하는 것도 칼로리컷 다이어트에서 놓쳐서는 안 되는 부분이에요. 지금 소개하는 5가지 칼로리컷 조리법을 익혀 일상적인 요리를 할 때도 접목해보세요.

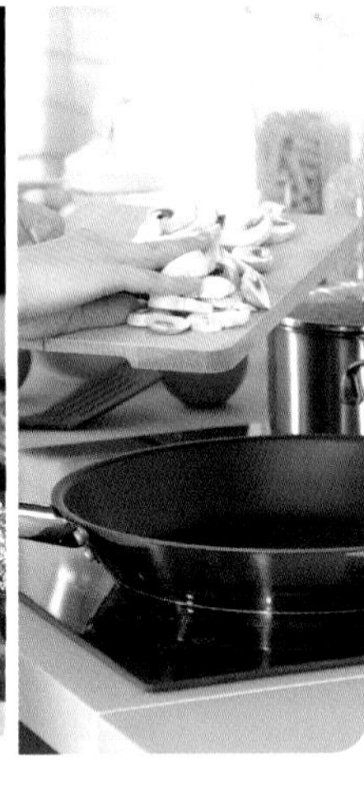

거꾸로 조리법

기름을 사용하는 조리 시, 기름을 넣는 순서를 마지막으로 바꿔 조리하면 식재료가 기름을 흡수하는 양을 줄일 수 있고 더 적은 양을 사용할 수 있어 칼로리를 낮출 수 있다.

※ 52쪽 알리오 에 올리오 조리법 참고

코팅팬 조리법

팬에 재료가 눌어붙지 않게 하기 위해 기름을 사용하는 경우가 많다. 코팅팬을 사용하면 기름을 적게 사용하고도 팬에 음식이 눌어붙지 않고 조리가 가능하다.

수분으로 볶볶 조리법

수분이 많은 채소를 볶을 때는 기름 없이 채소의 수분만으로 맛있게 조리할 수 있다. 예를 들어 다진 마늘로 향을 낼 때 수분이 있는 양파를 넣고 같이 볶으면 적은 양의 기름만으로 조리가 가능하다.

물로 볶볶 조리법

기름 대신 물로 재료를 볶는 것도 좋은 방법이다. 또는 적은 양의 기름으로 조리한 후 기름이 부족할 때 기름 대신 물을 조금 둘러 볶으면 칼로리를 대폭 낮출 수 있다.

※ 108쪽 잡채 조리법 참고

샤워 조리법

햄, 어묵, 통조림 골뱅이 등의 가공식품은 제품의 변질을 위해 식재료 겉면을 기름으로 코팅해둔 경우가 많다. 다이어트와 건강을 위해 되도록 가공식품이나 인스턴트는 멀리하는 것이 좋지만, 꼭 먹어야 한다면 끓는 물에 살짝 데치거나 뜨거운 물로 씻어 기름기와 첨가물을 제거하고 사용하는 것이 좋다.

▷ 조리도구의 코팅 오래 유지하는 관리법

- **처음 사용하기 전** - 팬 세척 후, 팬을 약한 불에 올린다. 기름을 약간 두른 후 키친타월로 닦듯이 코팅한다.
- **조리한 후 설거지** - 양념한 재료를 요리한 후 설거지할 때는 양념이 눌어붙은 팬에 베이킹소다 1큰술 + 소금 1큰술 + 적당량의 물을 넣고 끓기 시작한 뒤 1분간 더 끓인다. 불을 끄고 한 김 식힌 후 부드러운 수세미로 닦는다.

Calorie Cut

기본 계량법

정확한 계량은 음식의 맛과 다이어트에 있어서 중요해요. 재료의 분량을 염두하고 내가 하루에 먹는 칼로리와 염분을 파악할 수 있는 가장 쉽고 기본적인 방법이기 때문이에요. 모든 재료의 중량을 계산하면 좋겠지만, 실생활에서 실천하기 어려운 부분이 있으니 계량컵, 계량스푼, 손대중 계량법을 활용하는 것을 추천합니다.

계량스푼 사용법

1큰술(T) = 3작은술 = 15㎖, 1/2큰술 = 7.5㎖
1작은술(t) = 5㎖, 1/2작은술 = 2.5㎖

- 가루류, 장류 : 가득 담아 윗면을 깎기
- 액체 : 가득 담기

밥숟가락 계량

계량스푼 1큰술 = 밥숟가락 1과 1/2큰술 = 밥숟가락에 수북이 쌓기

- 밥숟가락 1큰술 = 10㎖, 가루의 경우 가득 담아 윗면 깎은 것

계량컵 계량

1컵(C) = 200㎖ = 종이컵 1컵

- 가루류, 장류 : 가득 담아 윗면을 깎기
- 액체 : 가득 담기

스테비아 계량

구입 시 함께 오는 미니 계량스푼(약 0.05g)에
가득 담아 윗면을 깎아 사용 = 약 1꼬집

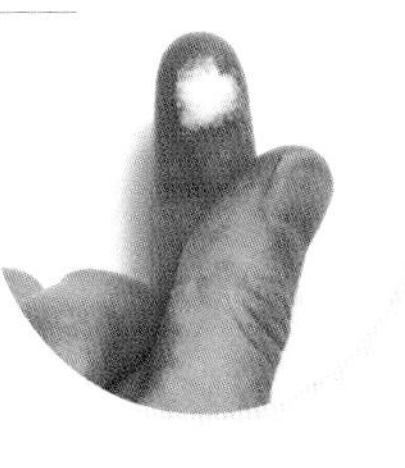

손대중 계량법

파스타면, 쌀국수 1줌
(약 70g, 70가닥)

시금치 1줌
(약 50g)

느타리버섯 1줌
(약 50g)

양배추 1장
(손바닥 크기, 약 25g)

알갱이류 1컵
(냉동 블루베리 등
100g)

Plus info.

기본 손질법

곤약면 손질 체에 밭쳐 흐르는 물에 여러 번 헹구기

콩고기 손질 볼에 건조 콩단백과 잠길만큼의 물을 넣어 15분 이상 불리기 → 물기 꼭 짜기

Plus info.

기본 불 조절

칼로리컷 다이어트 레시피는 가스레인지 기준으로 레시피를 작성했습니다. 인덕션으로 조리 시에는 재료가 더 빨리 익으니 레시피의 시간보다 0.7배 적은 시간으로 조리하세요.

	가스레인지	인덕션
불세기	센 불	7 - 9
	중간 불 (불꽃이 냄비 바닥에 살짝 닫지 않는 정도)	5 - 6
	중약 불	3 - 4
	약한 불 (불꽃이 1cm 이하로 작은 정도)	2

Calorie Cut

기본 레시피

칼로리컷 다이어트 레시피를 시작하기 전에, 기본 메뉴를 소개할게요. 밥, 치즈, 드레싱, 음료 등 자주 먹지만 생각보다 칼로리가 높아 먹기 부담스러운 메뉴의 재료와 조리법을 조금씩 바꿔 칼로리를 확 낮췄답니다. 칼로리컷 다이어트 레시피에 사용되는 메뉴이기도 하지만 다이어트 식단을 구성할 때 활용해도 좋아요.

칼로리컷 밥

1회분(1공기, 150g) 128kcal

곤약 잡곡밥

재료 _ 4인분

곤약쌀 1봉지(200g), **잡곡** 2/3컵(100g)

물 2와 1/2컵(500㎖)

1. 잡곡은 물에 2~3번 헹군 후 밥 물을 평소보다 조금 적게 맞춘다.
2. 곤약쌀을 체에 밭쳐 흐르는 물에 씻는다.
3. 전기압력밥솥에 잡곡쌀, 곤약쌀을 넣고 취사 버튼(잡곡)을 누른다.

1회분(1공기, 150g) 251kcal

발아 현미밥

재료 _ 4인분

발아 현미 2컵(300g), **물** 3과 1/2컵(700㎖)

1. 볼에 발아 현미와 물을 충분히 넣고 8시간 이상 불린다. 체에 밭쳐 2~3회 헹군 후 전기압력밥솥에 넣는다.
2. 물을 붓고 취사 버튼(잡곡)을 누른다.

※ 밥을 지은 후 1공기씩(150g) 나눠 밀폐 용기 또는 위생팩에 넣어 한 김 식힌 후 냉동해두었다가 먹기 직전 꺼내 전자레인지(700W)에 넣고 2분간 데워 드세요.

칼로리컷 곁들임 메뉴 4종

1회분 35.4kcal

두부 페타치즈

재료 _ 5회분
두부 큰 팩 1/3모(부침용, 100g), **무가당 두유** 190㎖
식초 1작은술, **갈릭파우더** 1작은술(생략 가능)
말린 바질가루 1작은술, **소금** 1/4작은술

1 두부는 사방 1cm 크기로 썬다.
2 밀폐 용기에 두유, 식초, 갈릭파우더, 바질, 소금을 넣고 섞은 후 두부를 넣는다.
3 냉장실에 넣고 하루 동안 숙성시킨다.

1회분 27kcal

두부 크림치즈

재료 _ 5회분
두부 큰 팩 1/3모(부침용, 100g), **레몬즙** 2작은술
소금 1/4작은술, **불린 캐슈넛** 5개(8g)
스테비아 1/2꼬집, **식초** 1/4작은술

1 볼에 캐슈넛과 잠길만큼의 미지근한 물을 넣고 30분간 불린 후 체에 밭쳐 물기를 제거한다.
2 믹서에 모든 재료를 넣고 곱게 간다.

1회분 **60kcal**

두부차슈

재료 _ 1회분
두부 큰 팩 1/6모(부침용, 50g)
정제 코코넛오일 1/2작은술, **양조간장** 1작은술
물 2작은술, **스테비아** 아주 약간 1/3꼬집

1. 두부는 키친타월로 감싸 물기를 제거한다.
2. 달군 팬에 코코넛오일을 넣고 두부를 올려 중약 불에서 앞뒤로 노릇하게 굽는다.
3. 간장, 물, 스테비아를 넣어 약한 불에서 두부에 양념을 끼얹어가며 조린다.

1회분 **114kcal**

홈메이드 또띠아

재료 _ 작은 크기(지름 10cm) 4장 분량
옥수수가루 30g, **물** 1/2컵(100㎖), **소금** 약간
정제 코코넛오일 1/2작은술

1. 볼에 옥수수가루, 물, 소금을 넣어 반죽한다.
2. 달군 팬에 코코넛오일을 넣고 반죽을 올려 얇게 편 후 앞뒤로 노릇하게 굽는다.

칼로리컷 샐러드 드레싱

칼로리컷 스파이시 토마토 드레싱

재료 _ 5회분
토마토 1개(또는 방울토마토 12개, 150g)
다진 양파 1/10개분, **화이트와인식초** 3큰술, **올리브오일** 1큰술
다진 청양고추 2작은술, **다진 마늘** 1작은술
바질 가루 1/4작은술, **소금** 약간, **후춧가루** 약간

1 믹서에 토마토를 넣고 간다.
2 볼에 모든 재료를 넣고 섞는다.

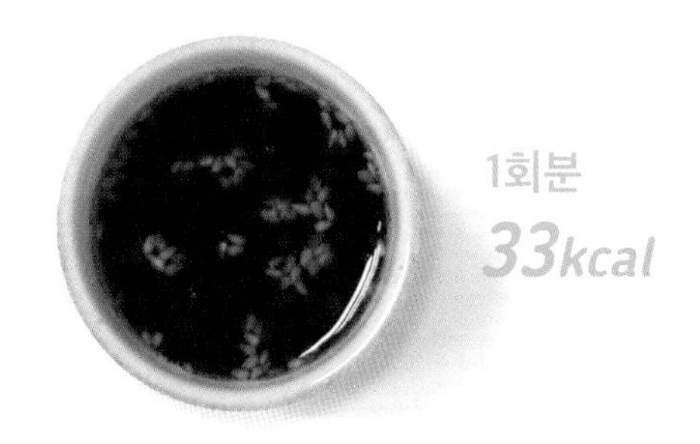

칼로리컷 오리엔탈 드레싱

재료 _ 5회분
간장 3큰술, **화이트와인식초** 3큰술(또는 현미식초)
엑스트라 버진 올리브오일 1/2큰술
참기름 1/2큰술, **다진 마늘** 2작은술
깨소금 1작은술, **후추** 1/8작은술

1 볼에 모든 재료를 넣고 섞는다.

칼로리컷 새콤달콤 깔라만시 드레싱

재료 _ 5회분
깔라만시 6큰술, **올리브오일** 1/2큰술
바질 가루 1/4작은술, **오레가노 가루** 1/4작은술
스테비아 1/2꼬집, **소금** 약간, **후추** 약간

1 볼에 모든 재료를 넣고 섞는다.

칼로리컷 데리야끼 드레싱

재료 _ 5회분
국간장 5큰술, **물** 5큰술, **다진 마늘** 1/2큰술
다진 생강 1작은술, **참기름** 1/2큰술
통깨 1작은술, **스테비아** 1꼬집

1 볼에 모든 재료를 넣고 섞는다.

칼로리컷 스무디

디톡스 스무디

섬유질이 풍부한 샐러리와 쌈케일 등의 그린 채소가 듬뿍 들어가 몸 속에 쌓인 노폐물 배출을 도와주는 스무디예요.

재료

샐러리 1/2 줄기(15g), **쌈케일** 3장(15g)
오렌지 1/2개(또는 귤 2개, 150g), **코코넛워터** 1과 1/4컵(250㎖)

1회분 213kcal

항산화 스무디

보라색 과일과 채소에 들어 있는 항상화 성분인 안토시아닌을 듬뿍 섭취할 수 있는 스무디로, 달콤한 맛이 매력적이에요.

재료

적양배추 3장(손바닥 크기, 75g), **블루베리** 1/3컵(또는 냉동 베리류, 35g) **바나나** 1개(150g), **코코넛워터** 1과 1/2컵(300㎖)

1회분 **177kcal**

비타민 스무디

사과, 오렌지, 레몬, 파프리카를 넣고 만든 비타민 폭탄 스무디입니다.

재료

사과 1개(200g), **오렌지** 1/2개(또는 귤 2개, 150g)
파프리카 1/4개(40g), **레몬즙** 1큰술, **물** 1과 1/4컵(250㎖)

1회분 **303kcal**

에너지 스무디

바나나, 아보카도, 두유가 들어간 초코 맛 스무디로 한잔 마시면 속이 든든하답니다.

재료

바나나 1 개(150g), **아보카도** 1/4개(50g)
카카오파우더 1/2큰술, **무가당 두유** 1팩(190㎖)
물 1/2컵(100㎖)

1회분 **247kcal**

혈액순환 스무디

베타카로틴이 풍부한 당근과 몸을 따뜻하게 해주는 생강, 철분이 풍부한 비트로 만들어 혈액 순환에 도움을 줘요.

재료

당근 1/4개(50g), **다진 생강** 1작은술, **비트** 40g, **바나나** 1개(150g)
코코넛워터 1과 1/2컵(300㎖)

Calorie Cut

책 100% 활용하기

이 책에는 평생 날씬함을 유지할 수 있는 칼로리컷 다이어트 레시피가 담겨있습니다. 레시피를 따라 하기 전에 구성 요소들을 꼼꼼히 확인하고, 필요한 내용을 쏙쏙 골라 알차게 활용하세요

▷ 칼로리

일반 레시피의 열량과 칼로리컷 다이어트 레시피의 열량을 표시했습니다.

※ 〈칼로리컷 다이어트 레시피〉에 소개된 모든 칼로리는 한국영양학회가 개인이나 집단의 영양 평가를 목적으로 개발한 영양 분석 프로그램 CAN(Computer Aided Nutritional analysis program)으로 산출했습니다.

▷ 메뉴 아이콘

해당 레시피의 활용도를 한눈에 보기 쉽게 아이콘으로 표시했어요.

채식
재료에 육류가 없고 달걀이나 유제품 등은 포함된 메뉴

비건
육류는 물론 우유, 달걀도 포함되지 않은 메뉴

도시락
조리가 간단하고 식어도 맛있으며 전날 미리 준비할 수 있는 메뉴

***밀프렙**
냉동 또는 냉장실에 5일간 보관해두고 먹기 좋은 음식
*밀프렙 설명 90쪽참고

아침
조리가 간단하고 탄수화물이 풍부해 아침 메뉴로 추천!

원팬
한개의 팬 또는 냄비 로 조리가 가능해 간편한 메뉴

초간단
조리 시간이 10분 이하인 메뉴

초저칼로리
200kcal 이하의 메뉴

▷ Calorie cut point & cooking

일반 레시피를 칼로리컷한 구체적인 방법을 알려드려요. 해당 레시피와 유사한 메뉴를 칼로리컷!하고 싶을 때 참고하면 큰 도움이 될 거예요.

▷ 주연보다 빛나는 조연! PLUS INFO

칼로리컷 레시피와 함께 다이어트 할 때 도움되는 정보를 실었어요.
다이어트 밀프렙 메뉴, 일품메뉴 1+1 메뉴, 디저트에 잘 어울리고 다이어트에도 도움을 주는 차에 대한 소개 등 알아 두면 쓸데 많은 꿀팁들을 담았습니다.

▷ 칼로리컷 다이어트 14일 챌린지_식단표

다이어트는 시작이 정말 중요해요. 우리 몸에게 다이어트를 시작한다는 신호를 보내주고, 식습관도 개선해 조금 더 효율적인 다이어트를 할 수 있게 도와줄 14일 챌린지에 도전해보세요. 갑자기 찐 살을 빼고 싶을 때 도전해도 좋습니다. 실천이 쉽도록 식재료 리스트도 함께 정리해 실었으니, 식단표는 잘 보이는 곳에 붙여놓고, 식재료 리스트는 가방 속에 쏙 넣어 편리하게 활용하세요.

칼로리컷 다이어트 14일 식단표

Day	아침	점심	저녁	하루 섭취 총 칼로리
1일차	비타민 스무디 31쪽_177kcal	중국식 가지덮밥 82쪽_247kcal	라자냐 58쪽_397kcal	821kcal
2일차	항산화 스무디 30쪽_213kcal	나시고랭 80쪽_291kcal	불고기전골 + 곤약 잡곡밥 106쪽_265kcal	769kcal
3일차	디톡스 스무디 30쪽_121kcal	불고기비빔밥 141쪽_306kcal	치킨 엔칠라다 64쪽_326kcal	753kcal
4일차	혈액순환 스무디 31쪽_247kcal	마파두부덮밥 84쪽_331kcal	하이스 플레이트 + 통밀빵 132쪽_292kcal	870kcal
5일차	에너지 스무디 31쪽_303kcal	하이스 오픈토스트 144쪽_153kcal	오징어볶음 + 곤약 잡곡밥 110쪽_350kcal	786kcal
6일차	브로콜리 크림수프 48쪽_167kcal	오징어 고추장파스타 141쪽_395kcal	오야코동 72쪽_354kcal	916kcal
7일차	팬케이크 148쪽_283kcal	시금치 퀘사디아 62쪽_287kcal	치킨너겟 + 샐러드 118쪽_300kcal	870kcal
8일차	항산화 스무디 30쪽_213kcal	미니 치킨버거 143쪽_396kcal	고추잡채 104쪽_221kcal	830kcal
9일차	디톡스 스무디 30쪽_121kcal	고추잡채김밥 140쪽_190kcal	일본식 채소커리 70쪽_366kcal	677kcal
10일차	혈액순환 스무디 31쪽_247kcal	새우 토마토리소토 56쪽_284kcal	오꼬노미야키 126쪽_226kcal	757kcal
11일차	비타민 스무디 31쪽_177kcal	양배추토스트 144쪽_271kcal	찹스테이크 114쪽_291kcal	739kcal
12일차	에너지 스무디 31쪽_303kcal	갈릭 스테이크볶음밥 142쪽_246kcal	에그인헬 136쪽_259kcal	808kcal
13일차	콩국수 176쪽_96kcal	로제파스타 145쪽_220kcal	닭볶음탕 + 곤약 잡곡밥 116쪽_396kcal	712kcal
14일차	김치돌솥밥 88쪽_196kcal	닭볶음탕 김치볶음밥 142쪽_312kcal	페타치즈 새우피자 128쪽_265kcal	773kcal

※ 통밀빵 1쪽 67kcal, 샐러드 채소 40g 8kcal

186

1주차 식재료 리스트

187

Calorie Cut

Low

Recipe

Part 1.
가벼운 한 끼

칼로리컷 한 그릇 요리

다이어트 식단에서 한 그릇 요리는 빼놓을 수 없죠!
이번 파트에서는 라볶이, 짜장면, 크림파스타, 볶음
밥 같은 한 그릇 요리의 칼로리를 확 낮춰 '아는 맛'
을 저칼로리로 즐길 수 있는 레시피를 소개합니다.

라볶이

누구나 좋아하는 국민 분식 라볶이! 하지만 다이어터에게는 먹고 싶어도 자주 먹을 수 없는 '그림의 떡'이지요. 이제, 칼로리컷으로 라볶이도 부담 없이 즐기세요. 칼로리가 높은 라면사리 대신 곤약면을, 설탕 대신 스테비아를 넣어 칼로리를 확 낮췄답니다.

Calorie Cut point

✔ Point 1 라면사리 ···› 곤약면 ▷ ***230kcal*** ⬇

✔ Point 2 설탕 ···› 스테비아 ▷ ***98kcal*** ⬇

✔ Point 3 일반 어묵 ···› 비건 어묵 ▷ ***35kcal*** ⬇

조리시간 _ 20분

—

재료 _ 1인분

▷ **현미 떡볶이 떡** 2/3컵
(또는 쌀 떡볶이 떡, 70g)
▷ **곤약면** 1/2봉지(100g)
▷ **비건 어묵** 2장
(또는 일반 사각 어묵 1장, 45g)
▷ **양배추** 50g(손바닥 크기 2장)
▷ **양파** 1/4개(40g)
▷ **대파** 10cm 2대
▷ **다시마** 사방 5cm 1장
▷ **물** 1과 1/2컵(300㎖)

양념
▷ **고춧가루** 1큰술
▷ **고추장** 1큰술
▷ **다진 마늘** 1작은술
▷ **국간장** 2작은술
▷ **후춧가루** 약간
▷ **스테비아** 2꼬집(0.1g)

✱ 비건 어묵
생선살이 아닌 곤약과 타피오카로 만들어 어묵과 비슷한 맛에 식감은 조금 더 탱글탱글해요.
※ 구입처 : 비건 식재료 오픈마켓

✱ 현미 떡볶이떡
백미가 아닌 현미로 만들어 *GI가 낮아요. *GI 설명 15쪽 참고
※ 구입처 : 오픈마켓

1 볼에 양념 재료를 넣고 섞는다.

2 양배추는 2×3cm 크기로 썰고, 양파는 1cm 두께로 채 썬다. 대파는 어슷 썰고 어묵은 6등분한다.

3 냄비에 물, 다시마를 넣고 5분간 끓인다.
다른 냄비에 물을 끓여 어묵을 넣고 살짝 데친다.

4 양념, 채소를 넣고 중간 불에서 끓여 물이 끓어오르면 중약불로 줄인다. 5분간 더 끓인 후 다시마를 건져낸다.

5 떡, 곤약면, 어묵을 넣고 중약불에서 떡이 익을 때까지 2분간 끓인다.

Calorie Cut cooking

과정 ③에서처럼 어묵을 끓는 물에 넣고 살짝 데치면 기름기를 제거할 수 있어 칼로리를 더 낮출 수 있다.

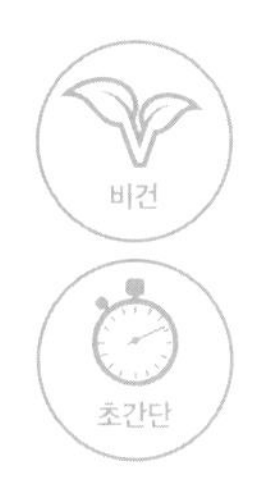

라면

다이어트할 때 라면이 너무 먹고 싶은 분들을 위한 칼로리컷 라면을 소개해드릴게요. 짠맛을 줄인 라엘라표 라면 스프, 밀가루면보다 *GI가 낮은 쌀국수를 사용했어요. 청양고추를 넣어 맛있게 칼칼하답니다.

*GI 설명 15쪽 참고

Calorie Cut point

- Point 1 라면사리 ⋯→ 쌀국수 ▷ ***101kcal*** ↓
- Point 2 라면 스프 ⋯→ 라엘라표 스프 ▷ ***71kcal*** ↓

조리시간 _ 10분
(+ 쌀국수 불리기 15분)

—

재료 _ 1인분

- ▷ **쌀국수** 2/3줌(50g)
- ▷ **대파** 10cm
- ▷ **청양고추** 1/2개

국물

- ▷ **다시마** 사방 5cm 1장
- ▷ **건표고버섯** 1개(5g)
- ▷ **물** 2컵(400㎖)

라면 스프

- ▷ **미소** 1작은술(일본식 된장)
- ▷ **베지시즈닝** 1큰술
 (또는 천연 조미료, 8g)
- ▷ **고춧가루** 1작은술
- ▷ **다진 마늘** 1작은술

1 대파, 청양고추는 어슷 썬다. 볼 또는 직사각형 용기에 쌀국수와 잠길만큼의 미지근한 물을 넣고 15분간 불린다.

2 냄비에 국물 재료를 넣고 센 불에서 3분간 끓인다.

3 라면 스프 재료를 넣고 1분간 끓인다.

4 다시마, 표고버섯은 건져내고, 쌀국수, 대파, 청양고추를 넣어 1분간 끓인다.

짜장면

짜장면은 많은 양의 식용유에 춘장을 볶아 만들기 때문에 칼로리가 꽤 높아요. 식용유 대신 채소를 볶을 때 빠져나온 수분으로 춘장을 볶고, 돼지고기 대신 표고버섯을 넣어 칼로리를 1/2로 확 낮췄습니다. 표고버섯의 감칠맛이 더해져 느끼하지 않고 담백해 누구나 맛있게 먹을 수 있어요.

Calorie Cut

810kcal ··· 412kcal

Calorie Cut point

- Point 1 돼지고기 ··· 표고버섯 ▷ ***75kcal*** ⬇
- Point 2 춘장 식용유로 볶기 ··· 채소 수분으로 볶기 ▷ ***276kcal*** ⬇
- Point 3 설탕 ··· 채소 단맛 ▷ ***46kcal*** ⬇

조리시간 _ 20분

—

재료 _ 1인분

- ▷ **스파게티면** 1줌(약 70g)
- ▷ **냉동 생 새우(대)** 3마리(45g)
- ▷ **표고버섯** 2개(50g)
- ▷ **애호박** 1/4개(75g)
- ▷ **양파** 1/4개(40g)
- ▷ **양배추** 100g (손바닥 크기 4장)
- ▷ **대파** 15cm
- ▷ **다진 마늘** 1작은술
- ▷ **다진 생강** 1/2작은술
- ▷ **정제 코코넛오일** 1/2작은술
- ▷ **춘장** 2큰술(30g)
- ▷ **물** 3/4컵(150㎖)
- ▷ **베지시즈닝** 1/2작은술 (또는 천연 조미료, 1g)
- ▷ **녹말물 2작은술** (감자전분 1작은술 + 물 1작은술)

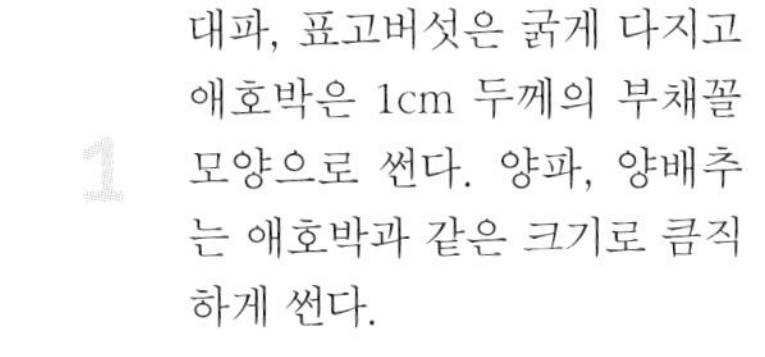

1 대파, 표고버섯은 굵게 다지고 애호박은 1cm 두께의 부채꼴 모양으로 썬다. 양파, 양배추는 애호박과 같은 크기로 큼직하게 썬다.

2 달군 팬에 코코넛오일, 대파, 다진 마늘, 다진 생강을 넣고 중약 불에서 1분간 볶는다.

3 표고버섯, 애호박, 양파, 양배추를 넣고 센 불에서 양배추의 숨이 죽을 때까지 3분 → 춘장을 넣고 30초간 빠르게 볶는다.

4 물, 새우, 베지시즈닝을 넣고 새우가 익을 때까지 2분간 끓인 후 불을 끈다. 녹말물을 잘 섞어 둘러 넣고 전분이 뭉치지 않도록 바로 저어준다.

tip. 새우를 생략하면 비건으로 즐길 수 있어요.

5 끓는 물에 스파게티면을 넣고 봉지에 적힌 시간만큼 삶아 체에 밭쳐 물기를 뺀다. 그릇에 면을 담고 ④의 짜장 소스를 올린다.

Calorie Cut cooking

채소를 먼저 볶은 후 채소의 수분으로 춘장을 볶아 칼로리를 낮춘다.

대파 달걀볶음밥

칼로리컷 짜장면(40쪽 참고)의 짜장 소스가 남았다면 대파 달걀볶음밥에 곁들여 즐겨보세요. 볶음밥도 백미 대신 곤약 잡곡밥으로 만들면 칼로리를 확 낮출 수 있답니다. 짜장 소스 없이 대파 달걀 볶음밥만 만들어 먹어도 훌륭해요. 식어도 맛있어서 도시락으로 싸도 좋아요.

Calorie Cut point

✓ Point 1 쌀밥 ··· 곤약 잡곡밥 ▷ ***124kcal*** ⬇

✓ Point 2 식용유 2큰술 ··· 코코넛오일 1/2작은술 ▷ ***152kcal*** ⬇

조리시간 _ 5분

—

재료 _ 1인분

▹ **곤약 잡곡밥** 1공기(150g)

※ 밥 짓는 법 25쪽 참고

▹ **칼로리컷 짜장 소스** 1/3인분

※ 만드는 법 40쪽 참고

▹ **대파** 20cm

▹ **달걀** 1개

▹ **정제 코코넛오일** 1/2작은술

▹ **소금** 1/4작은술

▹ **후춧가루** 약간

1 대파는 송송 썬다.

2 달군 팬에 코코넛오일, 대파를 넣고 중약 불에서 1분간 볶는다.

3 대파를 한쪽으로 밀어두고, 달걀을 넣어 중간 불에서 스크램블한다.

4 밥, 소금, 후춧가루를 넣고 센 불에서 모든 재료가 잘 섞이게 빠르게 볶은 후 짜장 소스를 곁들인다.

짬뽕

얼큰한 국물에 각종 해산물이 잔뜩 들어있는 짬뽕은 다이어트하면서 한 번쯤 꼭 생각나는 메뉴죠?! 기름 사용량을 줄여 담백하고, 해산물의 시원한 맛과 고추기름의 얼큰한 맛을 느낄 수 있는 칼로리컷 짬뽕을 소개합니다.

Calorie Cut point

✓ Point 1 돼지고기 생략 ▷ ***126kcal*** ⬇

✓ Point 2 식용유 1큰술 ⋯› 코코넛오일 1/2작은술 ▷ ***78kcal*** ⬇

조리시간 _ 20분

—

재료 _ 1인분

- ▷ **스파게티면** 1줌(70g)
- ▷ **양배추** 50g (손바닥 크기 2장)
- ▷ **양파** 1/6개(25g)
- ▷ **애호박** 1/6개(50g)
- ▷ **부추** 1/5줌(10g)
- ▷ **대파** 10cm
- ▷ **손질 오징어 몸통** 1/3마리 (약 40g)
- ▷ **손질 홍합** 3개(또는 홍합살)
- ▷ **냉동 생 새우(대)** 3마리(45g)
- ▷ **정제 코코넛오일** 1/2작은술
- ▷ **다진 마늘** 1작은술
- ▷ **다진 생강** 1/2작은술
- ▷ **고춧가루** 2/3큰술

국물

- ▷ **국간장** 2와 1/2작은술
- ▷ **소금** 1/4작은술
- ▷ **후춧가루** 약간
- ▷ **물** 1과 1/2컵(300㎖)

1 양배추는 2×3cm 크기로, 양파, 애호박은 1cm 두께로 채 썰고, 부추는 5cm 길이로 썬다. 대파는 굵게 다지고 오징어는 칼집낸 후 3×7cm 크기로 썬다.

2 달군 팬에 코코넛오일, 다진 마늘, 다진 생강, 대파를 넣고 약한 불에서 1분간 볶는다.

3 오징어, 홍합을 넣고 중간 불에서 1분 → 양배추, 양파, 애호박을 넣고 양파가 반투명해질 때까지 2분간 볶는다.

4 고춧가루를 넣고 중간 불에서 30초간 볶는다.

5 새우와 국물 재료를 넣고 3분간 끓인다.

6 끓는 물에 스파게티면을 넣고 봉지에 적힌 시간만큼 삶아 체에 밭쳐 물기를 뺀다. ⑤에 삶은 면과 부추를 넣는다.

Kcal
200kcal↓

베지 오믈렛

내일, 특별히 예쁘게 보이고 싶다면? 오늘 저녁은 베지 오믈렛을 추천해요. 달걀의 단백질과 채소의 식이섬유를 듬뿍 섭취할 수 있는 저칼로리 한 끼입니다. 초저칼로리 한 끼지만 채소를 많이 먹을 수 있어서 포만감이 좋아요. 채소는 취향에 따라 변경해도 좋고, 냉장고에 남아있는 자투리 채소들을 사용해도 좋아요.

Calorie Cut point

✔ Point 1 식용유 1큰술 ···› 코코넛오일 1작은술 ▷ **55kcal** ↓

✔ Point 2 달걀 2개 ···› 흰자 2개분 + 노른자 1개분으로 줄이기 ▷ **71kcal** ↓

조리시간 _ 15분

—

재료 _ 1인분

- ▷ **달걀(전란)** 1개
- ▷ **달걀흰자** 1개분
- ▷ **시금치** 1줌(50g)
- ▷ **양송이버섯** 6개(또는 느타리 버섯, 새송이버섯 72g)
- ▷ **방울토마토** 6개 (또는 토마토 1/4개, 72g)
- ▷ **양파** 1/4개(40g)
- ▷ **정제 코코넛오일** 1/2작은술 + 1/2작은술
- ▷ **소금** 약간
- ▷ **후춧가루** 약간

✻ 버섯 밑동·달걀노른자 활용하기

양송이버섯 밑동과 달걀노른자는 버리지 말고 칼로리컷 까르보나라(54쪽) 재료로 활용하세요. 또한 버섯 밑동은 국물 요리에 넣으면 감칠맛을 더해줘요.

1 볼에 달걀(전란), 달걀흰자를 넣고 섞는다.

tip. 달걀을 고운 체에 한 번 내리면 더 부드러운 오믈렛을 만들 수 있어요.

2 시금치는 한입 크기로 썰고 양송이버섯은 밑동을 제거한 후 4등분한다. 방울토마토는 4등분하고 양파는 굵게 다진다.

3 달군 팬에 코코넛오일 1/2작은술 → 달걀물 순으로 넣고 약한 불에서 3분간 익힌 후 그릇에 덜어둔다.

4 달군 팬에 코코넛오일 1/2작은술과 ③을 제외한 모든 재료를 넣어 중약 불에서 시금치의 숨이 죽을 때까지 2분간 볶는다.

5 ③위에 ④를 올리고 반으로 접는다.

tip. 토핑으로 두부 페타치즈(만드는 법 26쪽 참고) 또는 생 허브를 곁들여도 좋아요.

브로콜리 크림수프

생크림과 우유 대신 무가당 두유를 넣어 칼로리를 낮추고, 파마산 치즈가루를 넣어 풍미를 살린 저칼로리 크림수프입니다. 가벼운 한끼, 또는 다이어트 간식으로 즐겨보세요.

Calorie Cut point

✔ Point 1 생크림 + 우유 ···› 무가당 두유 ▷ **220kcal ↓**

✔ Point 2 버터 1큰술 ···› 코코넛오일 1/2작은술 ▷ **99kcal ↓**

조리시간 _ 10분

—

재료 _ 1인분

- ▷ **브로콜리** 1/5개(70g)
- ▷ **양파** 1/4개(40g)
- ▷ **정제 코코넛오일** 1/2작은술
- ▷ **무가당 두유** 1과 1/4컵(250㎖)
- ▷ **파마산 치즈가루** 2작은술 (또는 *뉴트리셔널 이스트, 4g)
- ▷ **소금** 약간

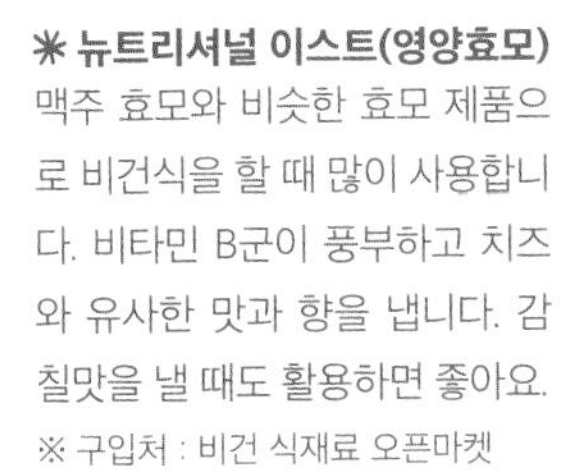

✳ 뉴트리셔널 이스트(영양효모)
맥주 효모와 비슷한 효모 제품으로 비건식을 할 때 많이 사용합니다. 비타민 B군이 풍부하고 치즈와 유사한 맛과 향을 냅니다. 감칠맛을 낼 때도 활용하면 좋아요.
※ 구입처 : 비건 식재료 오픈마켓

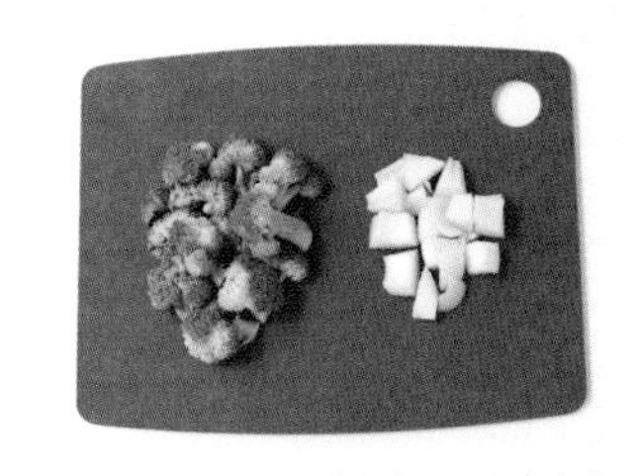

1 브로콜리, 양파는 한입 크기로 썬다.

2 냄비에 코코넛오일, 양파를 넣고 중약 불에서 양파가 반투명해질 때까지 2분간 볶는다.

3 브로콜리를 넣어 30초간 볶은 후 두유를 붓고, 브로콜리가 부드럽게 익을 때까지 3~4분간 끓인다.

4 핸드블랜더로 곱게 간 후 파마산 치즈가루, 소금을 넣고 한소끔 끓인다.

tip. 파마산 치즈가루 대신 뉴트리셔널 이스트를 넣으면 비건식으로 즐길 수 있어요.

버섯 크림파스타

크림파스타 특유의 고소함과 크리미한 식감은 그대로 살리면서 생크림 대신 두유를 넣어 칼로리는 대폭 낮췄어요. 팬 하나로 만들 수 있는 간편함까지 살린 원팬 레시피입니다. 파마산 치즈가루 대신 뉴트리셔널 이스트를 넣으면 비건식으로 즐길 수 있어요.

Calorie Cut point

✓ Point 1 생크림 + 우유 ··· 무가당 두유 ▷ ***344kcal*** ⬇

✓ Point 2 올리브오일 1큰술 ··· 코코넛오일 1/2작은술 ▷ ***97kcal*** ⬇

조리시간 _ 20분

—

재료 _ 1인분

- ▹ **링귀네 파스타면** 1줌 (또는 스파게티면, 70g)
- ▹ **양송이버섯** 5개(또는 느타리버섯, 만가닥버섯, 60g)
- ▹ **양파** 1/4개(40g)
- ▹ **마늘** 1쪽 (또는 다진 마늘 1작은술, 5g)
- ▹ **정제 코코넛오일** 1/2작은술
- ▹ **물** 1과 1/4컵(250㎖)
- ▹ **무가당 두유** 1팩(190㎖)
- ▹ **파마산 치즈가루** 1큰술 (또는 뉴트리셔널 이스트, 6g)
- ▹ **소금** 1/4작은술
- ▹ **후춧가루** 약간
- ▹ **파슬리가루** 약간

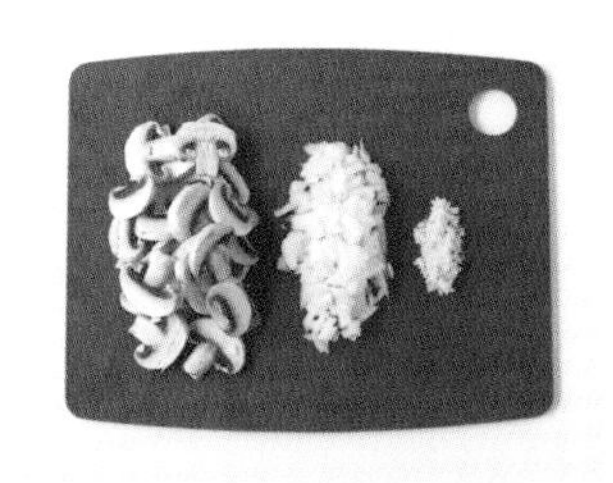

1 양송이버섯은 1cm 두께로 편 썰고 양파, 마늘은 잘게 다진다.

2 달군 팬에 코코넛오일, 양파, 마늘을 넣고 약한 불에서 양파가 반투명해질 때까지 1~2분 → 양송이버섯을 넣고 3분간 볶는다.

3 파스타면, 물(250㎖)을 넣고 중간 불에서 물이 거의 없어질 때까지 7분간 끓인다.

4 두유, 파마산 치즈가루, 소금, 후춧가루를 넣고 2~3분간 더 끓인다. 그릇에 담고 파슬리가루를 뿌린다.

tip. 버섯 크림파스타에 트러플오일 한두 방울을 뿌리면 더 맛있게 즐길 수 있어요.

Calorie Cut cooking

버섯을 볶을 때 수분이 빠져나오므로 기름을 많이 사용하지 않고 조리할 수 있다.

알리오 에 올리오

알리오 에 올리오는 알싸한 마늘과 매콤한 페페론치노, 고소한 올리브오일로 맛을 낸 파스타에요. 올리브오일을 듬뿍 넣은 알리오 에 올리오는 생각보다 칼로리가 높습니다. 하지만 칼로리컷 거꾸로 조리법으로 만들면 맛은 유지하면서 올리브오일은 줄일 수 있어 칼로리를 낮출 수 있어요.

*칼로리컷 거꾸로 조리법 설명 22쪽 참고

Calorie Cut point

✔ Point 1 올리브오일 줄이기 ▷ ***184kcal*** ⬇

조리시간 _ 15분

—

재료 _ 1인분

▷ **스파게티면** 1줌(70g)
▷ **마늘** 3쪽(15g)
▷ **페페론치노** 2개
(또는 청양고추 1/2개)
▷ **정제 코코넛오일** 1/2작은술
▷ **물** 1과 1/4컵(250㎖)
▷ **소금** 1/4작은술
▷ **파마산 치즈가루** 1작은술
(또는 뉴트리셔널 이스트, 2g)
▷ **파슬리가루** 약간
▷ **올리브오일** 1작은술
▷ **후춧가루** 약간

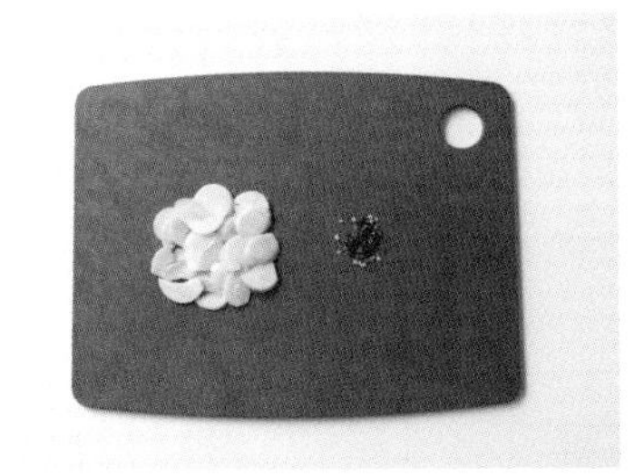

1 마늘은 얇게 편 썰고, 페페론치노는 2등분한다.

2 달군 팬에 코코넛오일, 마늘, 페페론치노를 넣고 중약 불에서 마늘이 노릇해질 때까지 2분간 볶는다.

3 스파게티면, 물(250㎖), 소금을 넣고 중간 불에서 물이 거의 없어질 때까지 7분간 끓인다.

4 불을 끄고, 파마산 치즈가루, 파슬리가루, 올리브오일, 후춧가루를 넣어 섞는다.

tip. 파마산 치즈가루 대신 뉴트리셔널 이스트를 넣으면 비건식으로 즐길 수 있어요.

Calorie Cut cooking

올리브오일 사용량이 많은 일반 알리오 에 올리오와 달리 칼로리컷 알리오 에 올리오는 조리과정 마지막에 올리브오일을 넣고 섞어 면을 코팅하는 것이 포인트! 칼로리가 높은 올리브오일 사용량을 줄일 수 있을 뿐만 아니라 신선한 올리브오일의 맛도 살릴 수 있다.

까르보나라

일반적인 까르보나라에 들어가는 베이컨 대신, 요리할 때 남겨둔 버섯 밑동(46쪽 베지오믈렛 참고)과 달걀노른자를 활용해서 만드는 이탈리아식 까르보나라에요. 이렇게 한 가지 재료만 바꿔도 칼로리를 낮출 수 있답니다. 다이어트는 일시적인 것이 아니라 평생 지속할 수 있는 습관으로 만드는 것이 중요하다는 것, 잊지 마세요!

Calorie Cut point

- ✓ Point 1 베이컨 ···› 버섯 밑동 ▷ ***58kcal*** ⬇
- ✓ Point 2 생크림 ···› 달걀노른자 ▷ ***348kcal*** ⬇

조리시간 _ 15분

—

재료 _ 1인분

- ▷ **스파게티면** 1줌(약 70g)
- ▷ **양송이버섯 밑동** 6개분 (또는 표고버섯 밑동)
- ▷ **마늘** 1쪽(5g)
- ▷ **페페론치노** 1개 (또는 청양고추 1/2개)
- ▷ **정제 코코넛오일** 1/2작은술
- ▷ **물** 1과 1/4컵(250㎖)
- ▷ **소금** 1/4작은술

까르보나라 소스

- ▷ **달걀노른자** 1개분(20g)
- ▷ **파마산 치즈가루** 1큰술(6g)

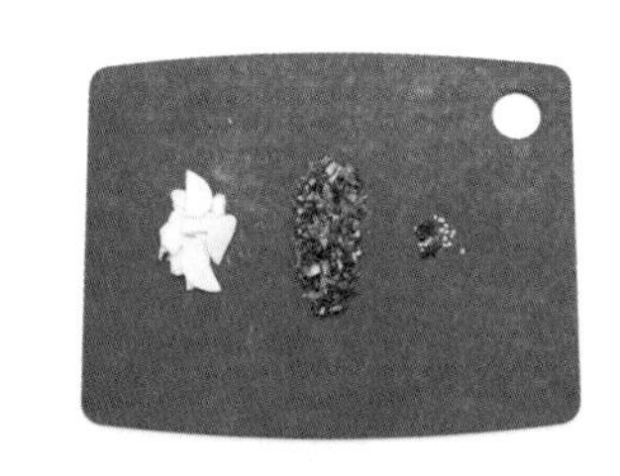

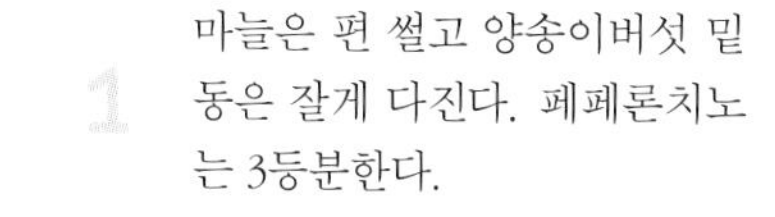

1 마늘은 편 썰고 양송이버섯 밑동은 잘게 다진다. 페페론치노는 3등분한다.

2 달군 팬에 코코넛오일, 양송이버섯 밑동, 마늘, 페페론치노를 넣고 중약 불에서 1~2분간 볶는다.

3 스파게티면, 물(250㎖), 소금을 넣고 중간 불에서 물이 거의 없어질 때까지 7분간 끓인다.

4 볼에 까르보나라 소스 재료를 넣고 섞는다.

5 ③의 불을 끄고 냄비받침에 올린 후 까르보나라 소스를 넣고 버무린다.

tip. 까르보나라 소스를 넣고 버무릴 때 팬이 뜨거우면 달걀이 익어 퍽퍽해지므로 팬을 냄비받침에 올린 후 버무리는 것이 포인트!

새우 토마토리소토

단백질이 풍부한 새우와 감칠맛이 좋은 토마토로 만든 리소토에요. 토마토소스와 잘 어울리는 바질 잎을 넣어 풍미를 살렸어요. 이 메뉴는 특히 다이어트 도시락으로 추천하는 메뉴입니다. 하루 전날 미리 만들어 내열 용기에 담아두었다가 다음날, 전자레인지에 넣어 살짝 데워 드세요.

Calorie Cut point

✔ Point 1 쌀밥 ···› 곤약 잡곡밥 ▷ ***124kcal*** ⬇

✔ Point 2 올리브오일 1/2큰술 ···› 코코넛오일 1/2작은술 ▷ ***41kcal*** ⬇

조리시간 _ 15분

—

재료 _ 1인분

- ▹ **곤약 잡곡밥** 1공기(약 150g)

※ 밥 짓는 법 25쪽 참고

- ▹ **냉동 생 새우(대)** 3마리(45g)
- ▹ **방울토마토** 6개(72g)
- ▹ **양파** 1/4개(40g)
- ▹ **바질 잎** 2~3장 (또는 말린 바질가루 약간)
- ▹ **마늘** 1쪽(5g)
- ▹ **정제 코코넛오일** 1/2작은술
- ▹ **시판 토마토 스파게티 소스** 1/2컵(약 120g)

✱ 시판 토마토 소스

시판 토마토 소스를 구입하실 때는 표시사항을 꼭 확인하세요. 토마토 함량이 많고, 당 함량은 적은 제품을 골라야 합니다.

✱ 곤약쌀

타피오카(타피오카전분)가 함유되지 않은 95% 이상 곤약으로 만들어진 제품을 고르세요.

1 방울토마토는 2등분하고 양파, 바질 잎, 마늘은 잘게 다진다.

2 달군 팬에 코코넛오일, 양파, 마늘을 넣고 약한 불에서 마늘과 양파가 반투명해질 때까지 1분 30초간 볶아 향을 낸다.

3 방울토마토를 넣고 중간 불에서 2~3분 → 새우를 넣고 2분간 볶는다.

4 곤약 잡곡밥, 토마토 소스를 넣고 2분간 저어가며 끓인 후 바질을 넣고 1분간 끓인다.

라자냐

동일한 양의 일반 라자냐 대비 칼로리를 450kcal 이상 낮췄어요. 라자냐면 대신 포두부를 사용하여 칼로리는 낮추고, 단백질은 더했습니다. 포두부의 쫄깃한 식감이 라자냐 소스와 잘 어울리고, 일반 라자냐와는 또 다른 식감을 주지요. 넉넉히 만들어 냉장고에 넣어두었다가 전자레인지(700W)에 넣고 3분간 데워 먹으면 양념이 골고루 잘 배어 더 맛있어요.

860kcal ··· Calorie Cut 397kcal

Calorie Cut point

- ✔ Point 1 다진 소고기 생략 ▷ **272kcal** ⬇
- ✔ Point 2 라자냐면 ··· 포두부 ▷ **85kcal** ⬇
- ✔ Point 3 베사멜 소스(버터, 밀가루, 우유를 기본 재료로 하는 소스) 생략 ▷ **105kcal** ⬇

조리시간 _ 25분

—

재료 _ 1인분

▷ **포두부** 6장(55g)
▷ **양파** 1개(160g)
▷ **애호박** 1/2개(150g)
▷ **마늘** 1쪽
(또는 다진 마늘 1작은술, 5g)
▷ **블렌드 슈레드 치즈** 3큰술(또는 슈레드 모짜렐라 치즈 20g)
▷ **정제 코코넛오일** 1/2작은술
▷ **시판 토마토 스파게티 소스** 1컵(240g)
▷ **파슬리가루** 약간

1 양파, 애호박은 굵게, 마늘은 잘게 다진다.

2 달군 팬에 코코넛오일, 양파, 마늘을 넣고 약한 불에서 1분 → 애호박을 넣고 중약 불에서 2~3분간 볶는다.

3 토마토 소스를 넣고 약한 불에서 3분간 저어가며 끓인다.

4 내열 용기에 포두부 → ③의 1/6 분량 → 포두부 순으로 6번 켜켜이 쌓는다.

5 슈레드 치즈를 뿌리고 180℃로 예열된 오븐에 넣어 10분간 조리한다.

tip. 전자레인지(700W) 조리 시 오븐 대신 전자레인지에 넣고 치즈가 녹을 때까지 2분간 조리하세요.

Calorie Cut cooking

양파를 볶을 때 수분이 빠져나오므로 기름을 적게 사용해 조리할 수 있다.

맥앤치즈

치즈의 고소하고 짭조름한 맛이 일품인 맥앤치즈도 마음 편히 즐기세요! 칼로리가 높은 버터 대신, 크리미하고 식이섬유까지 듬뿍 섭취할 수 있는 단호박을 넣어 만들었습니다. 스파게티면과 달리 짧은 길이의 파스타(마카로니, 펜네, 푸실리 등)는 잘 불지 않아 전날 미리 만들어 두고 다음날 도시락으로 싸가도 좋아요.

Calorie Cut point

✓ Point 1 버터 ··· 단호박 ▷ ***108kcal*** ⬇

✓ Point 2 우유 ··· 무가당 두유 ▷ ***31kcal*** ⬇

조리시간 _ 15분

—

재료 _ 1인분

- ▷ **마카로니** 2/3컵(70g)
- ▷ **단호박** 30g
  (또는 단호박퓌레 2큰술)
- ▷ **슬라이스 치즈** 1장(20g)
- ▷ **물** 1컵(200㎖)
- ▷ **무가당 두유** 3/4컵(150㎖)
- ▷ **소금** 약간 + 약간
- ▷ **파마산 치즈가루** 1/2큰술

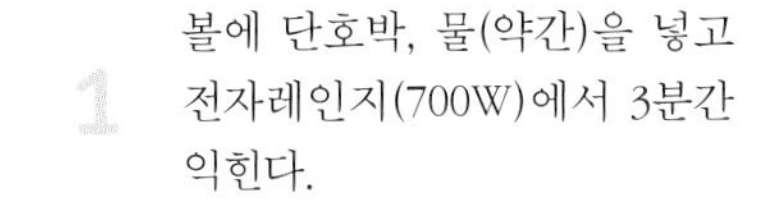

1 볼에 단호박, 물(약간)을 넣고 전자레인지(700W)에서 3분간 익힌다.

2 냄비에 마카로니, 물, 소금 약간을 넣고 7분간 알덴테(70% 정도 익은 상태)로 삶는다.

3 믹서에 단호박, 소금 약간, 파마산 치즈가루, 두유를 넣고 곱게 간다.

4 ②의 냄비에 ③과 슬라이스 치즈를 넣고 2~3분간 저어가며 끓인다.

tip. 파마산 치즈가루 대신 *뉴트리셔널 이스트를 넣으면 비건식으로 즐길 수 있어요.

*뉴트리셔널 이스트 설명 48쪽 참고

시금치 퀘사디아

크림치즈 대신 칼로리를 대폭 낮춘 홈메이드 *두부 크림치즈를 사용해 만든 퀘사디아에요. 다이어트 시 부족할 수 있는 철분과 엽산이 풍부한 시금치를 듬뿍 넣었어요. 토마토로 만든 살사소스를 곁들이면 더욱 이색적으로 즐길 수 있답니다.

*두부 크림치즈 만들기 26쪽 참고

Calorie Cut point

✓ Point 1 크림치즈 ··· 두부 크림치즈 ▷ ***95kcal*** ⬇

✓ Point 2 버터 15g ··· 코코넛오일 1작은술 ▷ ***86kcal*** ⬇

✓ Point 3 슈레드 치즈 양 1/2 줄이기 ▷ ***54kcal*** ⬇

조리시간 _ 15분

—

재료 _ 1인분

- ▷ **또띠아** 1장(지름 20cm, 8인치)
- ▷ **시금치** 2줌(100g)
- ▷ **양파** 1/4개(40g)
- ▷ **블렌드 슈레드 치즈** 3큰술(또는 슈레드 모짜렐라 치즈, 20g)
- ▷ **정제 코코넛오일** 1/2작은술 + 1/2작은술
- ▷ **두부 크림치즈** 2큰술

※ 만드는 법 26쪽 참고

- ▷ **소금** 약간
- ▷ **후춧가루** 약간

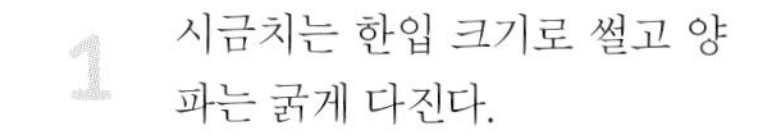

1 시금치는 한입 크기로 썰고 양파는 굵게 다진다.

2 달군 팬에 코코넛오일 1/2작은술, 양파를 넣고 중약 불에서 양파가 반투명해질 때까지 1분 30초 → 시금치를 넣고 숨이 죽을 때까지 2분간 볶는다.

3 두부 크림치즈, 소금, 후춧가루를 넣고 중약 불에서 두부 크림치즈가 따뜻해질 때까지 섞는다.

4 또띠아 위에 사진과 같이 ③과 블렌드 슈레드 치즈를 올리고 또띠아를 반으로 접는다.

5 달군 팬에 코코넛오일 1/2작은술 → ④ 순으로 넣고 중약 불에서 앞뒤로 노릇하게 굽는다.

Calorie Cut cooking

양파를 볶을 때 수분이 빠져나오기 때문에 양파를 볶은 후 시금치를 볶으면 적은양의 기름으로도 조리할 수 있다.

치킨 엔칠라다

엔칠라다는 멕시코 음식이에요. 또띠아를 반으로 접어 그 사이를 고기, 채소, 치즈 등으로 채운 후 그릇에 담고 소스를 올려 오븐에 굽는 메뉴랍니다. 또띠아 대신 저칼로리·고단백 식품인 포두부를, 칼로리가 높은 크림소스 대신 두유 크림소스로 만들면 엔칠라다를 더 건강하고 가볍게 즐길 수 있어요.

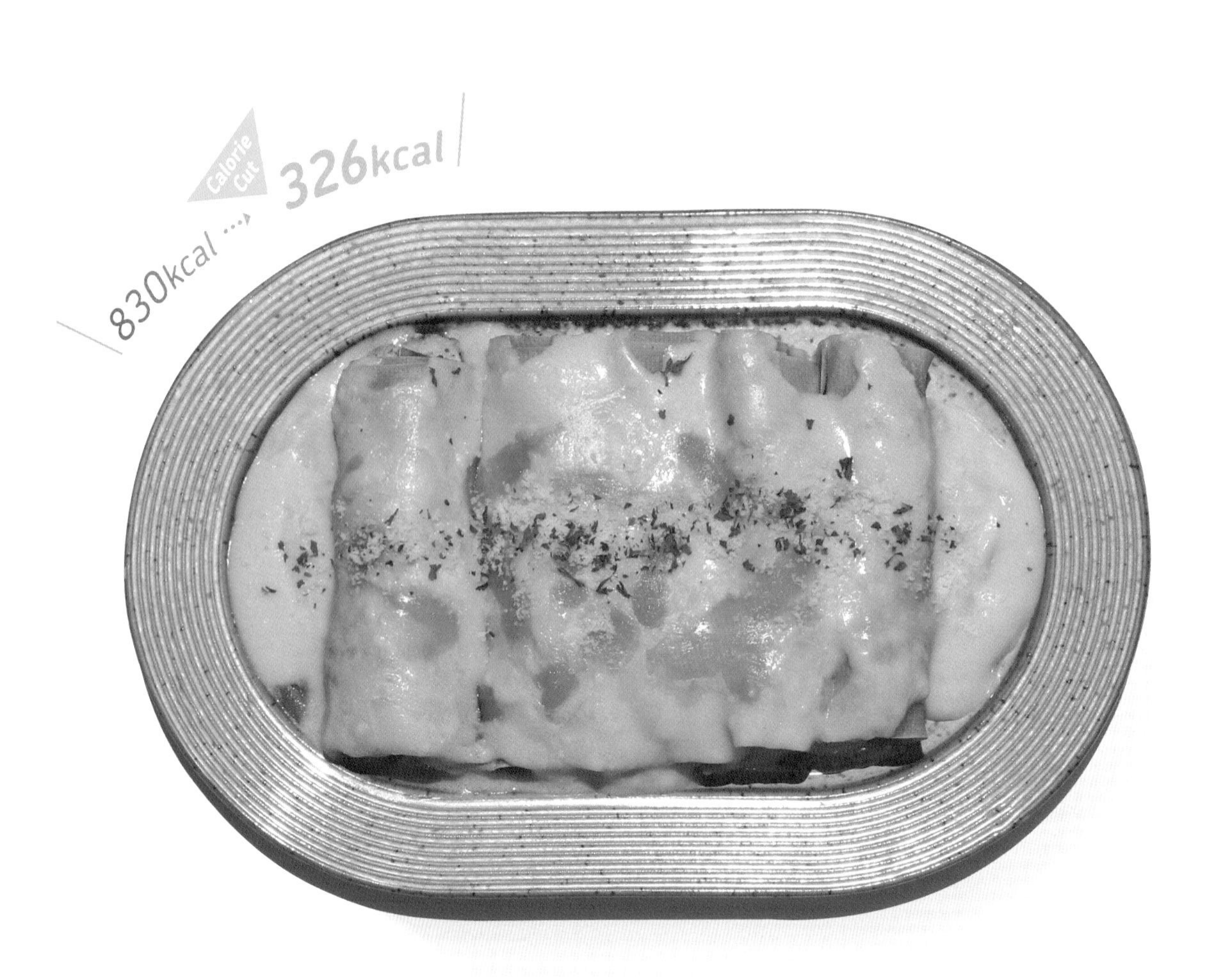

Calorie Cut point

✓ Point 1 또띠아 ···› 포두부 ▷ ***272kcal*** ⬇

✓ Point 2 생크림 ···› 두유 크림소스 ▷ ***229kcal*** ⬇

조리시간 _ 25분

—

재료 _ 1인분

▹ **포두부** 5장(45g)
▹ **닭안심** 3쪽(또는 닭가슴살 3/4쪽, 105g)
▹ **양파** 1/4개(40g)
▹ **애호박** 1/3개(100g)
▹ **블렌드 슈레드 치즈** 1과 1/2큰술 (또는 슈레드 모짜렐라 치즈, 약 10g)
▹ **정제 코코넛오일** 1/2작은술
▹ **칠리파우더** 1/2작은술 (생략 가능)
▹ **소금** 약간
▹ **후춧가루** 약간
▹ **무가당 두유** 3/4컵(150㎖)
▹ **파마산 치즈가루** 1큰술
▹ **녹말물** 1작은술 (감자전분 1/2작은술 + 물 1/2 작은술)

✳ 칠리파우더
말린 칠리 가루, 커민, 오레가노, 고수, 마늘 등으로 만든 파우더로 멕시칸 요리 특유의 풍미를 느낄 수 있어요.

※ 구입처 : 대형 할인마트, 오픈마켓(심플리 오가닉, 아이허브, 쿠팡 로켓직구 등)

1 양파, 애호박, 닭안심은 굵게 다진다.

2 달군 팬에 코코넛오일, 양파, 애호박, 닭안심을 넣고 중간 불에서 닭안심이 익을 때까지 3분 → 칠리파우더, 소금, 후춧가루를 넣고 섞는다.

3 냄비에 두유, 파마산 치즈가루를 넣고 약한 불에서 두유의 양이 반으로 줄어들 때까지 5분간 저어가며 끓인다. 불을 끄고 녹말물을 넣어 빠르게 섞는다.

4 포두부를 펼쳐 ②의 1/5분량을 넣고 돌돌 말아 포두부롤을 만든다. 같은 방법으로 4개 더 만든다.

5 내열 용기에 포두부롤을 넣고 ③을 붓는다. 그 위에 슈레드 치즈를 뿌린 후 180℃로 예열된 오븐에서 10분간 굽는다.

tip. 전자레인지(700W) 조리 시에는 슈레드 치즈가 녹을 때까지 2분간 조리하세요.

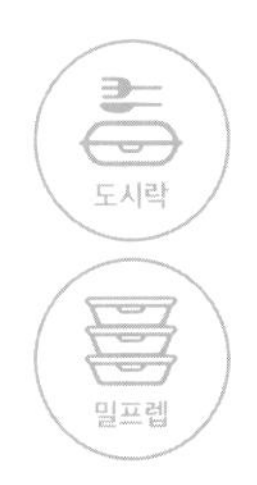

해산물 빠에야

빠에야는 스페인의 전통 쌀 요리로, 고기나 해산물, 채소와 쌀을 넣어 만든 일종의 볶음밥입니다. 한식 볶음밥과 다르게 육수를 넣어 부드럽게 조리하는 것이 특징이에요. 칼로리컷 빠에야는 쌀 대신, 빠르게 조리할 수 있고 칼로리도 낮은 곤약 잡곡밥으로 만들었어요. 해산물은 비교적 칼로리가 낮고 단백질이 풍부한 새우, 오징어, 홍합을 넣었답니다.

Calorie Cut point

✓ Point 1 쌀밥 ··· 잡곡 곤약밥 ▷ ***124kcal*** ↓

✓ Point 2 올리브오일 1큰술 ··· 코코넛오일 1/2작은술 ▷ ***97kcal*** ↓

조리시간 _ 15분

—

재료 _ 1인분

- ▹ **곤약 잡곡밥** 150g

※ 밥 짓는 법 25쪽 참고

- ▹ **손질 오징어 몸통** 1/3마리 (약 40g)
- ▹ **대하 2마리**(32g, 또는 냉동 생새우(대) 2마리, 30g)
- ▹ **홍합**(또는 홍합살, 모시조개, 바지락) 5개
- ▹ **양파** 1/4개(40g)
- ▹ **파프리카** 1/4개(40g)
- ▹ **다진 마늘** 1작은술
- ▹ **정제 코코넛오일** 1/2작은술
- ▹ **화이트 와인** 1큰술 (달지 않은 것, 또는 청주)
- ▹ **물** 2큰술

토마토 소스

- ▹ **시판 토마토퓌레** 1큰술
- ▹ **카레가루** 1/2작은술
- ▹ **소금** 1/4작은술
- ▹ **후춧가루** 약간

1 양파, 파프리카는 굵게 다진다. 오징어는 2×6cm 크기로 썰고, 새우, 홍합은 내장과 수염을 제거한 후 손질한다.

2 달군 팬에 코코넛오일, 다진 마늘, 양파, 파프리카를 넣고 약한 불에서 양파가 반투명 해질 때까지 1~2분간 볶는다.

3 해산물, 화이트 와인을 넣고 센 불에서 살짝 볶은 후(잡내 제거) 물을 넣고 중간 불에서 해산물이 익을 때까지 3분간 볶는다.

4 밥과 토마토 소스 재료를 넣고 중약 불에서 3분간 더 볶는다.

tip. 전날 미리 만들어 둔 후 도시락으로 싸도 좋아요.

돈코츠라멘

진한 국물이 일품인 돈코츠라멘! 칼로리컷 돈코츠라멘은 육수 대신 채소를 우린, 채수로 만들어 담백하고 깔끔해요. 가장 중요한 돈코츠라멘 특유의 뽀얗고 깊은 국물 맛은 두유가 살려준답니다.

600kcal ···› Calorie Cut 376kcal

Calorie Cut point

- ✓ Point 1 육수 ···› 채수 ▷ ***88kcal*** ⬇
- ✓ Point 2 양념의 양을 1/2로 줄이기 ▷ ***37kcal*** ⬇
- ✓ Point 3 돼지기름(라드) 생략 ▷ ***58kcal*** ⬇

조리시간 _ 20분
(+ 채수 우리는 시간 30분)

—

재료 _ 1인분

- ▷ **건면** 1개(77g)
- ▷ **양파** 1개(160g)
- ▷ **대파** 10cm 3대
- ▷ **다진 마늘** 1작은술
- ▷ **다진 생강** 1/2작은술
- ▷ **정제 코코넛오일** 1/4작은술
- ▷ **참기름** 1/4작은술
- ▷ **무가당 두유** 1/2컵(100㎖)
- ▷ **국간장** 1/2큰술
- ▷ **미소** 1큰술(일본식 된장)

채수

- ▷ **건표고버섯** 1개
- ▷ **다시마** 사방 5cm 1장
- ▷ **미지근한 물** 2와 3/4컵(550㎖)

✻ 건면
튀기지 않고 건조한 면으로 다양한 제품이 시판되고 있어요. 튀기지 않아 칼로리가 낮고 더 쫄깃해요.

- 풀무원) 튀기지 않은 사리면
- 피코크) 구운 사리면
- 농심) 신라면 건면(면만 사용)

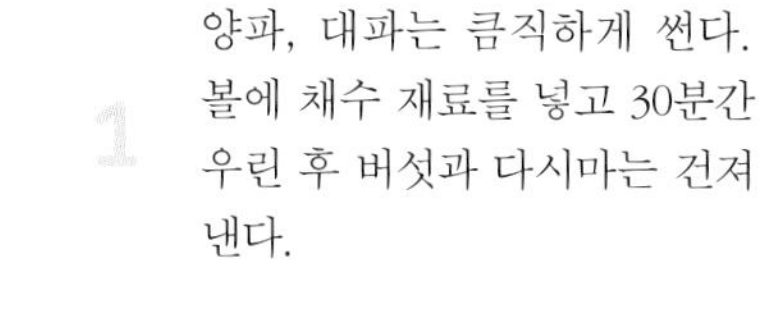

1 양파, 대파는 큼직하게 썬다. 볼에 채수 재료를 넣고 30분간 우린 후 버섯과 다시마는 건져낸다.

2 냄비에 코코넛오일, 참기름, 다진 마늘, 다진 생강을 넣고 약한 불에서 1분 → 양파, 대파를 넣고 중약 불에서 양파가 반투명해질 때까지 2분간 볶는다.

3 ①의 채수를 모두 붓고 국물이 2/3 정도로 줄어들 때까지 끓인다.

4 대파와 양파를 건져내고, 두유, 간장, 미소를 넣고 한소끔 끓인다.

5 끓는 물에 건면을 넣고 봉지에 적힌 시간 보다 30초 적게 삶아 체에 밭쳐 물기를 뺀다. ④에 넣고 한소끔 끓인다.

tip. 기호에 따라 두부차슈(만드는 법 27쪽 참고), 통조림 옥수수, 쪽파 등을 곁들여보세요.

Calorie Cut cooking

- 건면 대신 곤약면을 사용하면 200kcal 이상 더 낮출 수 있다.
- 재료를 볶을 때 코코넛오일이 부족하다면 기름이 아니라, 물을 조금 넣어 볶아 칼로리를 낮춘다.

일본식 채소커리

커리는 채소의 파이토케미컬, 향신료의 항산화 성분이 듬뿍 들어있는 건강식일 뿐만 아니라 맛도 좋아 다이어트식으로 추천하는 메뉴예요. 한꺼번에 많이 조리한 후 *밀프렙 해두어도 좋고, 도시락으로 싸갈 땐 밥과 소스를 따로 담아 가 비벼 먹으면 더 맛있게 즐길 수 있어요.

*밀프렙 90쪽 참고

Calorie Cut point

✔ Point 1 쌀밥 ··· 곤약 잡곡밥 ▷ ***124kcal*** ⬇

✔ Point 2 버터 1/2큰술 ··· 코코넛오일 1/2작은술 + 물 ▷ ***43kcal*** ⬇

조리시간 _ 25분

—

재료 _ 1인분

▷ **곤약 잡곡밥** 1공기(150g)

※ 밥 짓는 법 25쪽 참고

▷ **당근** 1/4개(50g)

▷ **애호박** 1/4개(75g)

▷ **양파** 1/4개(40g)

▷ **정제 코코넛오일** 1/2작은술

커리 소스

▷ **고형 일본커리** 1조각(20g)

▷ **토마토페이스트** 1큰술

▷ **무가당 두유** 3/4컵(150㎖)

▷ **물** 1컵(200㎖)

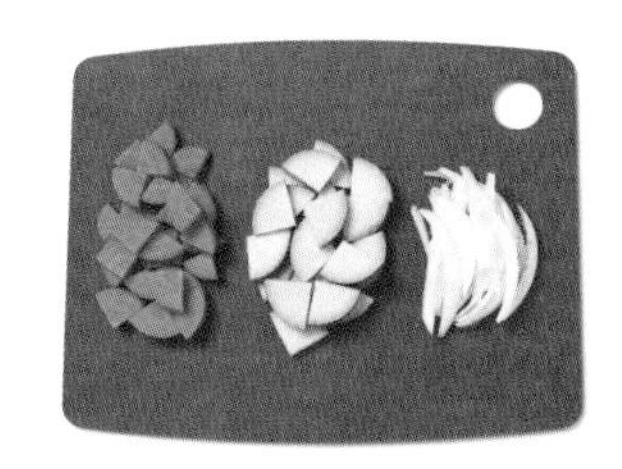

1 당근, 애호박은 부채꼴 모양으로 1cm 두께로 썰고 양파는 1cm 두께로 채 썬다.

2 달군 팬에 코코넛오일, 양파를 넣고 약한 불에서 양파가 노릇해질 때까지 볶는다.

3 당근, 애호박을 넣고 중간 불에서 2분간 볶는다.

4 커리 소스 재료를 넣고 중간 불에서 끓인다. 가장자리가 끓어오르기 시작하면 중약 불로 줄여 2/3 정도로 졸아들 때까지 10분간 끓인 후 밥에 곁들인다.

Calorie Cut cooking

과정 ②에서 재료를 볶을 때 코코넛오일이 부족하다면 기름이 아니라, 물을 조금 넣어 볶아 칼로리를 낮춘다.

오야꼬동

일본 가정식의 대표 메뉴인 오야꼬동은 일본식 닭고기 달걀 덮밥입니다. 칼로리가 높은 닭다릿살을 비교적 칼로리가 낮은 닭안심으로 대체하고 양념도 절반으로 줄여 칼로리와 짠맛을 줄였어요. 식재료와 만드는 방법이 간단해서 집에 있는 재료로 언제든지 손쉽게 만들 수 있답니다.

Calorie Cut point

- ✔ Point 1 닭다릿살 ⋯› 안심살 ▷ ***20kcal*** ⬇
- ✔ Point 2 간장, 맛술 양 1/2 줄이기 ▷ ***28kcal*** ⬇
- ✔ Point 3 설탕 2큰술 ⋯› 코코넛설탕 1작은술 + 스테비아 ▷ ***77kcal*** ⬇

조리시간 _ 10분
(+ 맛국물 우리기 30분)

—

재료 _ 1인분

- ▷ **곤약 잡곡밥** 1공기(150g)

※ 밥 짓는 법 25쪽 참고

- ▷ **닭안심** 2와 1/2쪽 (또는 닭가슴살 2/3쪽, 88g)
- ▷ **양파** 1/4개(40g)
- ▷ **달걀** 1개
- ▷ **맛국물** 5큰술(75㎖)

※ 맛국물 : 볼에 미지근한 물 1컵(200㎖) + 표고버섯 1개 + 다시마 사방 5cm를 넣고 30분간 우려 모든 재료를 건져낸 것

양념

- ▷ **국간장** 1큰술
- ▷ **맛술** 1큰술
- ▷ **코코넛설탕** 1작은술 (또는 설탕)
- ▷ **스테비아** 1꼬집(0.05g)

1 닭안심은 4등분하고 양파는 1cm 두께로 채 썬다. 볼에 달걀을 넣고 푼다.

2 냄비에 맛국물을 넣고 센 불에서 끓여 물이 끓어오르면 양파, 닭안심을 넣는다.

3 양념 재료를 넣고 중간 불에서 닭안심이 익을 때까지 3분간 끓인다.

4 약한 불로 줄인 후 달걀을 넣고 뚜껑을 닫아 1분 30초간 끓인다.

5 그릇에 밥을 담고 ④를 올린다.

텐동

텐동은 텐뿌라(튀김) 돈부리(덮밥)의 줄임말로 밥에 소스를 뿌리고 튀김을 올린 일본요리에요. 재료에 튀김옷을 입혀 기름에 튀겨내는 기본 조리법이 아니라, 재료를 구운 후, 볶은 튀김옷을 묻히는 방법으로 칼로리컷했어요. 이렇게 조리하면 칼로리는 대폭 낮추고, 바삭한 맛은 살릴 수 있답니다. 기름기가 거의 없어 담백하고 속도 편해요.

Calorie Cut point

✔ Point 1 튀기지 않고, 구운 후 볶은 빵가루 묻히기 ▷ ***476kcal*** ⬇

✔ Point 2 쌀밥 ⋯› 곤약 잡곡밥 ▷ ***124kcal*** ⬇

조리시간 _ 20분

—

재료 _ 1인분

- ▹ **곤약 잡곡밥** 1공기(150g)
  ※ 밥 짓는 법 25쪽 참고
- ▹ **냉동 생 새우(대)** 3마리(45g)
- ▹ **가지** 1/3개(50g)
- ▹ **애호박** 1/6개(50g)
- ▹ **단호박** 30g
- ▹ **꽈리고추** 2개
- ▹ **빵가루** 5큰술(20g)
- ▹ **소금** 1/4작은술
- ▹ **후춧가루** 약간
- ▹ **파슬리가루** 약간
- ▹ **정제 코코넛오일** 1/2작은술
- ▹ **쯔유** 2작은술(또는 국시장국)

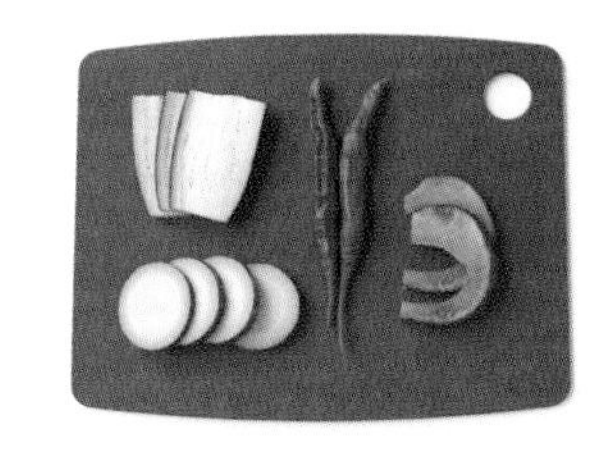

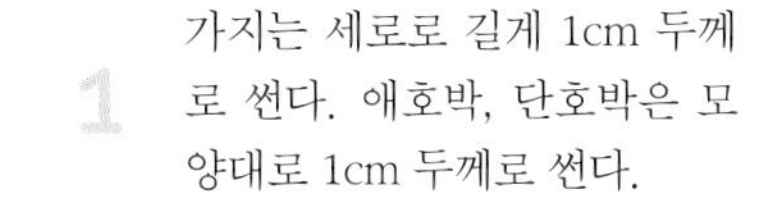

1 가지는 세로로 길게 1cm 두께로 썬다. 애호박, 단호박은 모양대로 1cm 두께로 썬다.

2 팬에 빵가루를 넣고 약한 불에서 노릇해질 때까지 5분간 볶은 후 소금, 후춧가루, 파슬리가루를 넣고 섞는다.

3 달군 팬에 코코넛오일을 넣고 가지, 애호박, 단호박, 꽈리고추, 새우를 올려 중간 불에서 앞뒤로 노릇해질 때까지 굽는다.

4 구운 채소와 새우에 ②를 꾹꾹 눌러 묻힌다.

5 볼에 밥, 쯔유를 넣어 섞은 후 그릇에 담고 구운 채소와 새우를 올린다.

명란 크림우동

맛있는 크림우동을 칼로리 걱정 없이 즐기세요! 생크림 대신 두유를 숙성시켜 만든 라엘라표 두유 크림소스를 사용해 칼로리는 잡고, 감칠맛은 더했답니다.

Calorie Cut point

✓ Point 1 생크림 + 우유 ⋯→ 무가당 두유 + 슬라이스 치즈 ▷ **520kcal ⬇**

✓ Point 2 버터 생략 ▷ **57kcal ⬇**

조리시간 _ 10분
(+ 소스 숙성하기 1시간)

—

재료 _ 1인분

- ▷ **우동면** 1봉지(200g)
- ▷ **슬라이스 치즈** 1/2장(10g)
- ▷ **튜브 명란젓** 1/2큰술 (또는 명란젓 약 1/5개, 7g)
- ▷ **김가루** 약간 (고명용, 생략 가능)

두유 크림소스

- ▷ **무가당 두유** 1팩(190㎖)
- ▷ **타마리 간장** 1작은술 (또는 국간장)
- ▷ **송송 썬 쪽파** 1/2줄기분(5g)

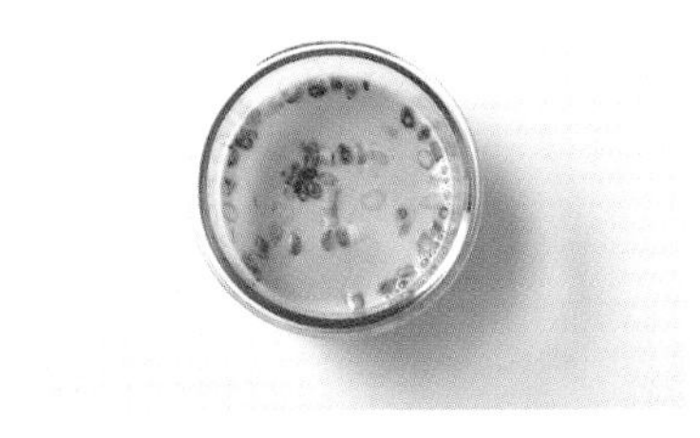

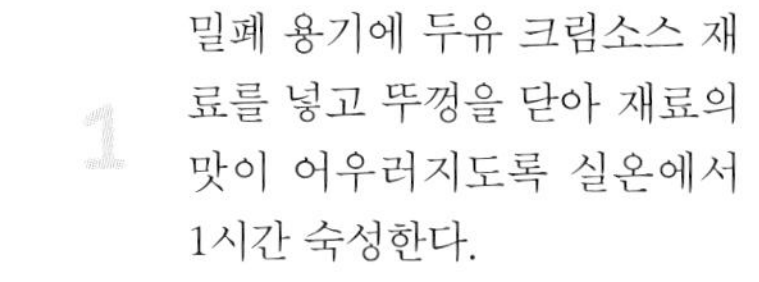

1 밀폐 용기에 두유 크림소스 재료를 넣고 뚜껑을 닫아 재료의 맛이 어우러지도록 실온에서 1시간 숙성한다.

2 냄비에 숙성시킨 두유 크림소스를 붓고 중약 불에서 끓인다.

3 냄비 가장자리가 끓어오르기 시작하면 우동면, 슬라이스 치즈를 넣고 중간 불에서 2~3분간 끓인다. 고명으로 명란젓, 김가루를 올린다.

Calorie Cut cooking

우동면 대신, 곤약면, 해초면 등을 사용하면 초저칼로리로 즐길 수 있다.

팟타이

팟타이는 신맛, 단맛, 짠맛이 어우러진 태국식 볶음면이에요. 칼로리컷 팟타이는 쌀국수 대신 숙주를 듬뿍 넣어 칼로리를 줄이고, 포만감과 식이섬유 섭취량은 늘렸습니다. 또한 두부와 각종 재료를 튀기듯 요리하는 대신 적은 양의 코코넛오일로 구워 칼로리를 더 낮췄어요. 땅콩버터를 살짝 넣어 팟타이 특유의 고소한 맛을 살렸답니다.

Calorie Cut 870kcal ⋯› 450kcal

Calorie Cut point

✓ Point 1 쌀국수 줄이기 ⋯› 숙주 늘리기 ▷ **100kcal ↓**

✓ Point 2 식용유 3큰술 ⋯› 코코넛오일 1작은술 ▷ **221kcal ↓**

✓ Point 3 설탕 ⋯› 스테비아 ▷ **93kcal ↓**

조리시간 _ 15분
(+ 쌀국수 불리기 15분)

—

재료 _ 1인분

- ▷ **쌀국수** 2/3줌(50g)
- ▷ **숙주** 2줌(100g)
- ▷ **두부** 큰 팩 1/6모(부침용, 50g)
- ▷ **양파** 1/4개(40g)
- ▷ **냉동 생 새우(중)** 6마리(60g)
- ▷ **달걀** 1개
- ▷ **부추** 1/5줌(약 10g)
- ▷ **정제 코코넛오일** 1작은술

양념

- ▷ **국간장** 1과 1/3큰술
- ▷ **레몬즙** 1큰술
- ▷ **스리라차 소스** 1작은술
- ▷ **땅콩 버터** 1작은술
- ▷ **스테비아** 3꼬집(0.15g)
- ▷ **물** 4큰술(약 60㎖)

1 두부는 사방 1cm로 썰고, 양파는 0.5cm 두께로 채 썬다. 부추는 5cm 길이로 썬다. 볼에 양념 재료를 넣고 섞는다. 볼에 쌀국수와 잠길만큼의 물을 넣고 15분간 불린다.

2 달군 팬에 코코넛오일, 두부를 넣고 중간 불에서 앞뒤로 노릇하게 4분간 굽는다.

3 양파, 새우를 넣고 센 불에서 양파가 반투명해지고, 새우가 익어 붉은색이 될 때까지 1분간 볶는다.

4 불린 쌀국수와 숙주, 양념을 넣고 센 불에서 재료가 골고루 섞일 때까지 빠르게 볶아 팬 한쪽으로 밀어둔다.

5 다른 한쪽에 달걀을 넣어 스크램블한다. 부추를 넣고 모든 재료를 섞는다.

tip. 땅콩 간 것, 고수, 라임을 곁들이면 좀 더 이국적인 맛의 팟타이를 즐길 수 있어요.

Calorie Cut cooking

두부를 기름에 튀기지 않고 코팅이 잘 되어있는 팬에 올려 노릇하게 구우면 더 담백하게 즐길 수 있다.

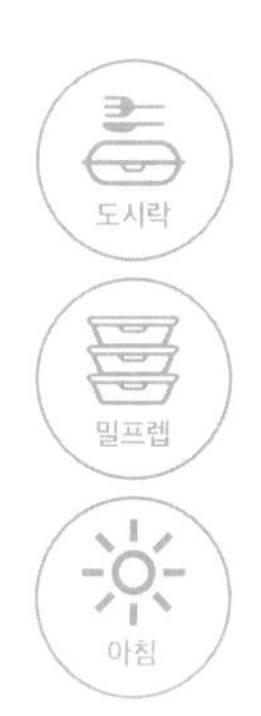

나시고랭

나시고랭은 밥, 채소, 고기 등을 달콤한 간장소스에 볶아낸 인도네시아식 볶음밥으로 다이어트 도시락으로도 추천하는 메뉴입니다. 칼로리컷 나시고랭은 닭다릿살 대신 저지방 고단백인 닭안심을 사용하고 양념도 줄인 저칼로리·저염 레시피에요. 후다닥 만들어 든든하게 즐길 수 있는 다이어트 간편식으로 추천합니다.

Calorie Cut point

- ✓ Point 1 쌀밥 ···› 곤약 잡곡밥 ▷ ***124kcal*** ⬇
- ✓ Point 2 식용유 2큰술 ···› 코코넛오일 1/2작은술 ▷ ***152kcal*** ⬇
- ✓ Point 3 설탕 ···› 스테비아 ▷ ***46kcal*** ⬇

조리시간 _ 15분

—

재료 _ 1인분

- ▷ **곤약 잡곡밥** 1공기(150g)

※ 밥 짓는 법 25쪽 참고

- ▷ **닭안심** 1쪽
  (또는 닭가슴살 1/4쪽, 35g)
- ▷ **달걀** 1개
- ▷ **양파** 1/6개(25g)
- ▷ **당근** 1/6개(30g)
- ▷ **쪽파** 1줄기(7g)
- ▷ **정제 코코넛오일** 1/2작은술
- ▷ **다진 마늘** 1작은술

양념

- ▷ **굴소스** 1/2큰술
- ▷ **액젓** 1/2작은술
- ▷ **스리라차 소스** 1작은술
- ▷ **스테비아** 1/2꼬집(0.025g)

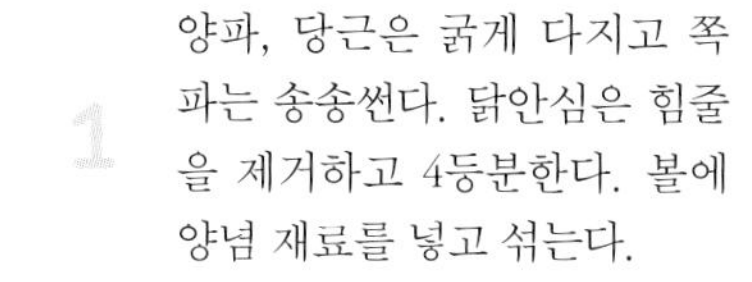

1 양파, 당근은 굵게 다지고 쪽파는 송송썬다. 닭안심은 힘줄을 제거하고 4등분한다. 볼에 양념 재료를 넣고 섞는다.

2 달군 팬에 코코넛오일, 다진 마늘, 양파를 넣고 약한 불에서 양파가 반투명해질 때까지 1~2분간 볶아 향을 낸다.

3 당근, 쪽파, 닭안심을 넣고 중간 불에서 닭안심이 익을 때까지 3분간 볶는다.

4 밥과 양념을 넣고 중간 불에서 1분간 볶는다.

5 달군 팬에 달걀을 넣고 프라이해 곁들인다.

중국식 가지덮밥

매콤한 맛의 중국식 덮밥을 소개할게요. 다진 돼지고기 대신 식물성 단백질인 *건조 콩단백을 넣어 단백질은 챙기면서, 칼로리는 낮췄어요. 가지 1개를 모두 활용해 만든 소스를 밥과 함께 곁들이면 든든한 한끼가 된답니다. 포만감이 크지만 칼로리는 정말 착해요. 전날 미리 만들어두고 밥과 함께 도시락으로 싸도 좋아요. *건조 콩단백 설명 16쪽 참고

Calorie Cut point

- ✓ Point 1 돼지고기 ···› 건조 콩단백 ▷ ***90kcal*** ⬇
- ✓ Point 2 식용유 2큰술 ···› 코코넛오일 1/2작은술 ▷ ***152kcal*** ⬇
- ✓ Point 3 쌀밥 ···› 곤약 잡곡밥 ▷ ***124kcal*** ⬇

조리시간 _ 15분
(+ 콩단백 불리기 15분)

—

재료 _ 1인분

▹ **곤약 잡곡밥** 1공기(150g)
※ 밥 짓는 법 25쪽 참고
▹ **가지** 1개(150g)
▹ **건조 콩단백** 5조각
(7.5g, 또는 두부 30g)
▹ **양파** 1/4개(40g)
▹ **대파** 10cm
▹ **다진 마늘** 1작은술
▹ **다진 생강** 1/2작은술
▹ **정제 코코넛오일** 1/2작은술
▹ **물** 1컵(200㎖)
▹ **녹말물 2작은술**
(감자전분 1작은술 + 물 1작은술)

양념

▹ **국간장** 1큰술
▹ **식초** 1/2큰술
▹ **고춧가루** 1/2큰술
▹ **스테비아** 1꼬집(0.05g)

1 볼에 건조 콩단백과 잠길만큼의 따뜻한 물을 넣고 15분간 불린 후 손으로 물기를 꼭 짠다.

2 가지는 한입 크기로 썬다. 양파, 대파, 불린 콩단백은 굵게 다진다. 볼에 양념 재료를 넣어 섞는다.

3 달군 팬에 코코넛오일, 양파, 대파, 콩단백, 다진 마늘, 다진 생강을 넣고 중간 불에서 양파가 반투명해질 때까지 1분간 볶는다.

4 가지를 넣고 2분간 볶는다.

5 양념, 물을 넣고 중간 불에서 소스가 잘 배도록 3분간 끓인다. 불을 끈 후 녹말물을 넣고 빠르게 섞어 밥에 곁들인다.

Calorie Cut cooking

넓적한 프라이팬보다는 깊은 팬(웍)을 사용하면 재료가 가운데로 모여 적은 기름으로도 재료를 볶을 수 있다.

마파두부덮밥

마파두부는 중국 사천 지방을 대표하는 매콤한 두부 요리로 다진 돼지고기가 듬뿍 들어가서 생각보다 칼로리가 높아요. 칼로리컷 마파두부에는 돼지고기를 빼고 두부를 듬뿍 넣어 칼로리를 낮췄습니다. 기름기가 적어 담백하고 부담 없이 먹을 수 있어요.

Calorie Cut point

- Point 1 쌀밥 ···› 곤약 잡곡밥 ▷ ***124kcal*** ⬇
- Point 2 식용유 2큰술 ···› 코코넛오일 1/2작은술 ▷ ***152kcal*** ⬇
- Point 3 돼지고기 생략 ▷ ***117kcal*** ⬇

조리시간 _ 10분

—

재료 _ 1인분

▷ **곤약 잡곡밥** 1공기(150g)

※ 밥 짓는 법 25쪽 참고

▷ **두부** 큰 팩 1/2모 (부침용, 150g)

▷ **대파** 20cm

▷ **양파** 1/4개(40g)

▷ **다진 마늘** 1작은술

▷ **다진 생강** 1/2작은술

▷ **정제 코코넛오일** 1/2작은술

▷ **두반장** 1과 1/2큰술(22g)

▷ **고춧가루** 1작은술

▷ **물** 1/2컵(100㎖)

✳ 두반장

발효콩과 고추를 주 원료로한 중국 사천식 칠리 소스예요. 잘게 썬 콩과 고추로 만들어 매콤하고 깊은 맛을 내주지요.

1 두부는 사방 2cm로 썰고, 대파, 양파는 굵게 다진다.

2 달군 팬에 코코넛오일, 대파, 양파, 다진 마늘, 다진 생강을 넣고 중약 불에서 양파가 반투명해질 때까지 1분간 볶는다.

3 두반장, 고춧가루를 넣고 중간 불에서 30초~1분간 빠르게 볶는다.

tip. 두반장이 없다면 양념장을 만들어 사용해도 좋아요.(고추장 3작은술 + 된장 2작은술 + 고춧가루 1작은술 + 천연 조미료 1작은술)

4 물, 두부를 넣고 센 불에서 3분간 끓인다. 밥에 곁들인다.

치킨 마요덮밥

치킨 마요덮밥은 밥 위에 닭다릿살튀김을 올리고 간장소스, 마요네즈, 김가루를 뿌려 비벼먹는 요리로 누구나 좋아하지만 칼로리가 매우 높지요. 닭다릿살 대신 닭안심을 사용하고, 튀김옷을 입혀 튀기는 대신 전분을 묻혀 구우면 칼로리를 확 낮춰 맛있게 즐길 수 있어요.

690kcal ··· Calorie Cut 353kcal

Calorie Cut point

- Point 1 닭다릿살튀김 ··· 닭안심구이 ▷ ***206kcal*** ↓
- Point 2 쌀밥 ··· 곤약 잡곡밥 ▷ ***124kcal*** ↓

조리시간 _ 15분

—

재료 _ 1인분

- ▷ **곤약 잡곡밥** 1공기(150g)

※ 밥 짓는 법 25쪽 참고

- ▷ **닭안심** 2쪽
  (또는 닭가슴살 1/2쪽, 70g)
- ▷ **달걀노른자** 1개분
- ▷ **감자전분** 1큰술
- ▷ **정제 코코넛오일** 1/2작은술
- ▷ **하프 마요네즈** 1/2큰술
- ▷ **김가루** 약간

소스

- ▷ **국간장** 1작은술
- ▷ **스테비아** 아주 약간
  (1/2꼬집, 0.025g)
- ▷ **물** 1/2큰술

1 닭안심은 4등분한다. 볼에 소스 재료를 넣어 섞는다.

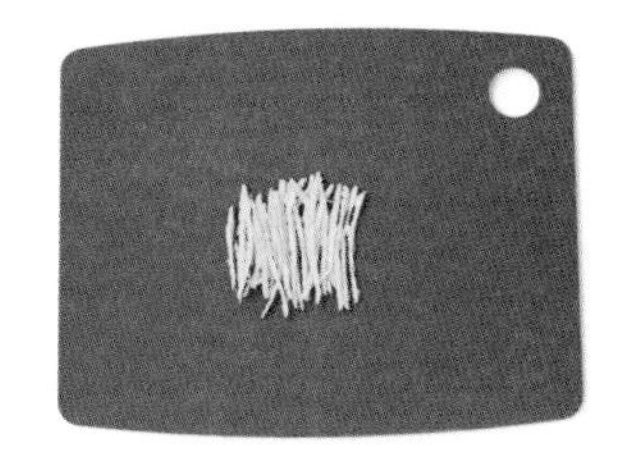

2 달군 팬에 달걀노른자를 넣어 약한 불에서 1분간 익힌다. 그릇에 덜어 한 김 식힌 후 가늘게 채 썰어 지단 채를 만든다.

3 닭안심에 전분을 묻힌다.

4 달군 팬에 코코넛오일을 넣고 닭안심을 올린 후 중약 불에서 뒤집개 또는 숟가락으로 꾹꾹 눌러가며 앞뒤로 노릇하게 3분간 굽는다.

5 그릇에 밥 → 소스 → 지단 채 → 구운 닭안심 → 마요네즈 → 김가루 순으로 올려 골고루 비벼먹는다.

김치돌솥밥

톡톡 터지는 식감이 매력적인 김치돌솥알밥의 날치알을 오독오독한 식감의 톳으로 대체한 칼로리컷 레시피입니다. 톳은 철분과 무기질이 풍부해 다이어트 시 부족할 수 있는 영양소를 채울 수 있는 식재료이니 무침이나 비빔밥 다양하게 활용해보세요.

Calorie Cut point

- Point 1 날치알 ··· 톳 ▷ **25kcal ↓**
- Point 2 쌀밥 ··· 곤약 잡곡밥 ▷ **124kcal ↓**
- Point 3 식용유 1/2큰술 ··· 코코넛오일 + 참기름 1작은술 ▷ **42kcal ↓**

조리시간 _ 15분

—

재료 _ 1인분

▷ **곤약 잡곡밥** 1공기(150g)
※ 밥 짓는 법 25쪽 참고
▷ **양배추** 20g
(손바닥 크기 약 1장)
▷ **당근** 1/8개(20g)
▷ **단무지** 1줄(김밥용, 15g)
▷ **톳** 30g
▷ **배추김치** 1/4컵(30g)
▷ **오이** 1/5개(30g)
▷ **구운 김**(조미되지 않은) 1/2장
▷ **정제 코코넛오일** 1/2작은술
▷ **참기름** 1/2작은술

양념
▷ **국간장** 1작은술
▷ **맛술** 1작은술

1 뚝배기에 코코넛오일, 참기름을 넣고 코팅하듯 바른다.

2 밥, 양념 재료를 제외한 모든 재료는 잘게 다진다. 볼에 양념 재료를 넣어 섞는다.

3 뚝배기에 밥을 깔고 양념을 골고루 뿌린다.

4 밥 위에 모든 재료를 올린다. 뚜껑을 닫고 약한 불에 올려 밥에서 타닥타닥 소리가 나고 고소한 향이 날 때까지 7~8분간 익힌다.

Calorie Cut cooking

- 대형마트에서 판매하는 톳은 조미된 제품이 많으니 사용하시기 전에 체에 밭쳐 찬물에 헹군 후 사용하는 것이 좋다.
- 돌솥비빔밥은 재료들을 데치거나 볶는 복잡한 과정 없이 돌솥의 열로 살짝 익혀 먹을 수 있다. 간단하고 영양소 파괴도 적어 다이어트 시 다양하게 활용하면 좋다.

칼로리컷
밀프렙 레시피

밀프렙은 한 끼 분량의 다이어트 식단을 5~7개씩 한꺼번에 준비해두고 끼니마다 꺼내 먹는 일종의 '홈메이드 다이어트 도시락'이에요.
주말에 만들고 평일(월요일~금요일)에는 하나씩 꺼내 데워 먹기만 하면 돼서 편리하지요. 건강한 식단을 계획적으로 섭취할 수 있고, 시간 절약은 물론 비용 절감 효과까지 있어 최근 많은 다이어터들이 실천하고 있답니다. 시간이 없어서 다이어트식을 챙기기 어렵다고 느끼셨던 분들에게 강력 추천하는 다이어트 방법이에요.

※ 밀프렙 : 식사(meal)와 준비(preparation)의 합성어

다이어트 밀프렙, 이것만은 꼭 알아두자!

1. 메뉴 선택

밀프렙 메뉴는,
▷ 탄수화물 · 단백질 · 지방을 골고루 섭취할 수 있고
▷ 잘 상하지 않으며
▷ 냉장실에서 3~5일, 또는 냉동실에서 3개월간 보관 가능한 음식을 고르세요.

2. 밀프렙용 도시락 고르기

밀프렙을 시작 하기 전에 꼭 준비해야 하는 것이 도시락이에요. 지퍼백을 사용해도 좋지만, 더 간편하고 오래 사용할 수 있는 밀프렙 전용 도시락을 구비하면 더욱 좋겠지요?
밀프렙 용기는,
▷ 냉동 보관과 전자레인지 이용이 가능한 것
▷ 다이어트용이므로 너무 크지 않은 것
▷ 밀폐가 가능해 내용물이 흘러 넘칠 위험이 없는 것
▷ 개수는 5개 이상 준비하는 것을 추천해요.

오늘부터라도 당장 밀프렙 다이어트를 따라 하고 싶은 분들을 위해, 유튜브에서 소개했던 메뉴들 중 가장 인기 있었던 레시피를 소개해드릴게요. 칼로리와 영양 성분, 보관과 섭취 방법까지 고려했기 때문에 다이어트하실 때 많은 도움이 될 거예요.
이 외에도 앞서 소개한 Part 1. 한 그릇 메뉴를 비롯해 다른 파트의 레시피 중에서 밀프렙하기 적합한 메뉴들은 아이콘으로 표시해두었으니, 재료를 5배로 늘려 밀프렙해보세요.

오트밀머핀

✓ 조리시간 35분
✓ 5~6회분(12개)
✓ 96 kcal(개당)

레시피 영상 바로가기

재료

바나나 2와 1/2개, 달걀 1개, 오트밀가루 2컵
베이킹파우더 1작은술, 시나몬파우더 1작은술
무가당 두유 3/5컵(또는 아몬드밀크, 120㎖)
메이플시럽 1큰술(또는 스테비아 1/2꼬집)
정제 코코넛오일 1/2작은술
바닐라에센스 1작은술(생략 가능), 올리브오일 약간

토핑(생략 가능)

망고(또는 다른 냉동 과일) 약간, 카카오닙 약간,
코코넛플레이크 약간

만드는 법

1 볼에 바나나를 넣고 포크로 눌러 으깬 후 달걀, 두유, 메이플시럽, 코코넛오일, 바닐라에센스를 넣고 섞는다.

2 오트밀가루, 베이킹파우더, 시나몬파우더를 넣고 잘 섞는다.

3 머핀틀에 올리브오일을 살짝 바르고 ②의 반죽을 넣는다.
tip. 구울 때 많이 부풀지 않으므로 머핀틀에 가득 담아도 돼요.

4 취향에 따라 토핑을 올려 180℃로 예열된 오븐에 넣고 25분간 굽는다.
tip. 냉장 보관 시 최대 3일, 냉동 보관시 최대 3개월간 보관 가능해요.

망고 프로틴 스무디

✓ 조리시간 10분
✓ 5회분
✓ 326 kcal(1회분)

레시피 영상 바로가기

재료

바나나 5개
두부 큰 팩 1과 1/4모(부침용, 375g)
햄프씨드 5큰술(또는 생략 가능)
냉동 망고 5조각(또는 다른 냉동 과일)
무가당 두유(190㎖) 4팩

만드는 법

1 5개의 지퍼백 또는 밀폐 용기에 각각 바나나 1개, 두부 75g(두부 큰 팩 1/4모), 햄프씨드 1큰술, 망고 1조각씩 담아 냉동 보관한다.

2 먹기 직전 스무디팩 1개를 꺼내 믹서에 넣고, 물 3/4컵(150㎖), 무가당 두유 3/4컵(150㎖)을 넣은 후 곱게 간다.
tip. 냉동 보관시 최대 3개월간 보관 가능해요.

고구마 프로틴 스무디

✓ 조리시간 15분
✓ 5회분
✓ 389 kcal(1회분)

레시피 영상 바로가기

재료

고구마 익힌 것 2와 1/2개 (500g)
오트밀 15큰술(75g), 프로틴파우더 10큰술(50g)
카카오파우더 5큰술(25g, 생략 가능)
마카파우더 5큰술(25g, 생략 가능)
아몬드버터 10작은술(50g, 또는 땅콩버터, 생략 가능)
무가당 두유(190㎖) 5팩

만드는 법

1 고구마는 껍질을 벗겨 볼에 넣고 곱게 으깬 후 두유를 제외한 모든 재료를 넣어 잘 섞는다.

2 5개의 지퍼백 또는 밀폐 용기에 ①을 1/5분량 담는다.

3 먹기 직전 스무디 팩 1개를 꺼내 믹서에 넣고, 두유 1팩(190㎖)을 넣은 후 곱게 간다.
tip. 냉동 보관시 최대 3개월간 보관 가능해요.

버터 치킨커리

✔ 조리시간 20분
✔ 5회분
✔ 273kcal(1회분)

레시피 영상 바로가기(7분38초~)

재료

곤약 잡곡밥 3과 1/2공기(525g), 브로콜리 1/2개(150g)
당근 1개(200g), 양파 1개(160g), 토마토 2개(300g)
닭가슴살 2쪽(240g), 버터 치킨 커리페이스트 100g
저지방 우유 3/4컵(150㎖), 무가당 두유 1팩(190㎖)
정제 코코넛오일 1/2작은술

*영상에서는 잡곡밥을 사용했지만, 이 책에서는 칼로리가 더 낮은 곤약 잡곡밥으로 변경했습니다.

✳ 버터 치킨 커리페이스트
인도식 커리 소스로 대형마트에서 구입 가능해요.

만드는 법

1 브로콜리, 당근, 양파, 토마토, 닭가슴살은 한입 크기로 썬다.

2 볼에 버터 치킨 커리 페이스트와 미지근한 우유를 넣고 으깬다.

3 달군 팬에 코코넛오일, 양파를 넣고 양파가 반 투명해질 때까지 1분 30초간 볶는다.

4 브로콜리, 당근, 토마토를 넣고 당근이 반 정도 익을 때까지 3분간 저어가며 볶는다.

5 버터 치킨 커리페이스트, 두유, 닭가슴살을 넣고 닭가슴살이 익을 때까지 4분간 끓인다.

6 5개의 밀폐 용기에 각각 밥 100g, ⑤를 1/5씩 담은 후 냉장 또는 냉동 보관한다. 먹기 직전 꺼내 전자레인지(700W)에 넣어 데워 먹는다.

tip. 냉장 보관 시 최대 3~5일, 냉동 보관시 최대 3개월간 보관 가능해요.

팔라펠 +양배추 콘슬로우

✔ 조리시간 35분
✔ 5-6회분
✔ 187kcal(1회분)

레시피 영상 바로가기(3분~)

재료

팔라펠
삶은 병아리콩 2컵, 당근 1컵(한입 크기)
양파 1컵
옥수수 낱알 1컵(또는 통조림 옥수수)
파슬리가루 1큰술, 다진 마늘 2작은술
카레가루 2작은술, 소금 약간
후춧가루 약간, 정제 코코넛오일 1큰술

코슬로우
양배추 1/3통(300g), 굵게 다진 당근 1/2컵(60g)

콘슬로우 소스
하프 마요네즈 3큰술, 머스타드 1작은술
식초 1작은술, 파슬리가루 1작은술, 후춧가루 1/4작은술

만드는 법

1 믹서에 코코넛오일을 제외한 모든 팔라펠 재료를 넣고 곱게 간다.

2 오븐 팬에 종이포일 ①을 깔고의 팔라펠 반죽을 24등분해 동그랗게 빚는다. 24개의 팔라펠 위에 코코넛오일을 바른다.

4 180℃로 예열한 오븐에 넣어 25분간 굽는다. 냉장 보관한 후 먹기 직전 꺼내 전자레인지(700w)에 넣어 1분 30초간(냉동 보관 시 3분간) 데운다.

tip. 오븐 조리 시에는 냉장 보관한 경우 180℃에서 10분, 냉동 보관한 경우 20분간 구워요.

5 콘슬로우 재료의 양배추는 가늘게 채 썬다. 큰 볼에 소스 재료를 넣어 섞는다.

6 콘슬로우 재료를 모두 넣어 잘 버무린 후 5등분해 밀폐 용기에 담는다. 냉장 보관한 후 먹기 직전 꺼내 구운 팔라펠에 콘슬로우를 곁들인다.

tip. 냉장 보관 시 최대 3~5일, 냉동 보관시 최대 3개월간 보관 가능해요.

렌틸콩 달

✓ 조리시간 25분
✓ 5회분
✓ 284kcal(1회분)

레시피 영상 바로가기(2분45초~)

재료

곤약 잡곡밥 2/3공기(100g)
불린 렌틸콩 1과 1/4컵(250g)
불린 병아리콩 1과 1/4컵(250g)
양파 1개(160g), 토마토 4개(600g)
무가당 두유 1팩(190㎖), 정제 코코넛오일 1/2큰술
다진 마늘 3작은술, 다진 생강 2작은술
카레가루 5큰술

*영상에서는 잡곡밥을 사용했지만, 이 책에서는 칼로리가 더 낮은 곤약 잡곡밥으로 변경했습니다.

만드는 법

1 양파는 굵게 다지고, 토마토는 먹기 좋은 크기로 썬다.

2 달군 냄비에 코코넛오일, 다진 마늘, 다진 생강을 넣어 약한 불에서 1분간 볶아 향을 낸 후 양파를 넣고 1분간 볶는다.

3 토마토를 넣고 뚜껑을 닫아 토마토의 수분이 나올 때까지 중약 불에서 7분간 끓인다.

4 렌틸콩, 병아리콩, 두유, 카레가루를 넣고 콩이 익을 때까지 10분간 끓인다.

5 5개의 밀폐 용기에 밥과 ④를 1/5씩 담은 후 냉장 또는 냉동 보관한다. 먹기 직전 꺼내 전자레인지(700W)에 넣어 데워 먹는다.

tip. 냉장 보관 시 최대 3~5일, 냉동 보관시 최대 3개월간 보관 가능해요.

달걀머핀 +구운 채소

✓ 조리시간 1시간 20분
✓ 5회분
✓ 314kcal(1회분)

레시피 영상 바로가기(5분45초~)

재료 달걀머핀(12개분)

달걀 6개, 토마토 2개(300g)
양파 1개(160g), 브로콜리 1/6개(50g)
무가당 두유(190㎖), 파마산 치즈가루 2큰술

구운 채소

당근 2개(400g), 감자 4개(800g)
브로콜리 1개(300g), 애호박 1개(300g)
정제 코코넛오일 1/2큰술 + 1/2큰술

만드는 법

1 토마토, 양파, 브로콜리(1/6개)는 굵게 다진다.

2 볼에 달걀, 두유, 파마산 치즈가루를 넣고 잘 섞는다.

3 머핀틀에 다진 토마토, 양파, 브로콜리를 12개로 잘 나눠 넣고, 그 위에 ②를 붓는다.

4 180℃로 예열된 오븐에 넣어 25분간 굽는다.

5 구운 채소 재료의 당근, 감자, 브로콜리(1개), 애호박은 한입 크기로 썬다.

6 오븐 팬에 당근, 감자, 코코넛오일 1/2큰술을 넣어 잘 섞은 후 200℃로 예열된 오븐에 넣어 20분간 굽는다.

7 오븐 팬을 꺼내 브로콜리, 애호박을 넣고 코코넛오일 1/2큰술을 넣어 살살 섞은 후 다시 오븐에 넣어 15분간 굽는다.

tip. 냉장 보관 시 최대 3~5일간 보관 가능해요.

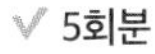

채소덮밥

✓ 조리시간 20분
✓ 5회분
✓ 179 kcal(1회분)

레시피 영상 바로가기(2분 32초~)

재료

곤약 잡곡밥 3과 1/2공기(약 500g)
느타리버섯 8줌(또는 새송이버섯, 400g)
브로콜리 2/3개(200g), 당근 1개(200g)
양파 1과 1/4개(200g), 다진 마늘 2작은술
다진 생강 2작은술, 정제 코코넛오일 1작은술

양념

국간장 2와 1/2큰술, 메이플시럽 1과 1/2큰술(또는 스테비아 1/2꼬집), 통깨 1큰술

만드는 법

1 브로콜리, 당근, 양파는 한입 크기로 썰고, 느타리버섯은 결대로 찢는다. 볼에 양념 재료를 넣고 섞는다.

2 달군 팬에 코코넛오일, 다진 마늘, 다진 생강을 넣고 약한 불에서 1분간 볶아 향을 낸다.

3 양파를 넣어 중간 불에서 1분 → 당근, 브로콜리, 버섯을 넣고 채소가 익을 때까지 4분간 볶는다.

tip. 기름이 부족하면 팬에 물을 조금씩 넣어가며 볶아요.

4 채소가 익으면 양념을 넣고 중약 불에서 2~3분간 끓인다.

5 5개의 밀폐 용기에 각각 밥, ④의 채소볶음을 1/5씩 담아 냉장 보관한다. 먹기 직전 꺼내 전자레인지(700W)에 넣어 데워 먹는다.

tip. 냉장 보관시 최대 3~5일간 보관 가능해요.

토마토칠리 +호밀빵

✓ 조리시간 30분
✓ 5회분
✓ 284 kcal(1회분)

레시피 영상 바로가기(7분 40초~)

재료

토마토 4개(600g), 삶은 병아리콩 1컵(200g)
삶은 흰강낭콩 1컵(200g), 파프리카 1개(160g)
피망 2개(160g), 양파 1개(160g)
시판 토마토 스파게티 소스 1컵(240g)
칠리파우더 2큰술(또는 멕시칸 시즈닝)
정제 코코넛오일 1작은술

만드는 법

1 양파, 파프리카, 피망은 굵게 다지고, 토마토는 큼직하게 썬다.

2 달군 냄비에 코코넛오일, 양파, 피망, 파프리카를 넣고 중약 불에서 2분간 볶는다.

3 토마토를 넣고 뚜껑을 닫아 토마토가 익을 때까지 15분간 끓인다.

4 토마토를 숟가락으로 눌러 으깬 후 삶은 병아리콩, 흰 강낭콩, 토마토 소스, 칠리파우더를 넣고 중간 불에서 3분간 더 끓인다.

5 5개의 밀폐 용기에 ④의 토마토 칠리소스를 나눠 담고 냉장 보관한다. 먹기 직전 꺼내 전자레인지(700W)에 넣어 데운 후 호밀빵 1개를 곁들인다.

tip. 토마토 칠리소스는 시원하게 드셔도 맛있어요.
냉장 보관 시 최대 3~5일, 냉동 보관시 최대 3개월간 보관 가능해요.

Calorie Cut

Low

Recipe

Part 2.
특별하게 즐기는 한 끼

◀

칼로리컷 일품요리

다이어트를 한다고 인생의 큰 행복 중 하나인 먹는 재미를 꾹꾹 참아야만 하나요? 이제, 칼로리컷 일품요리로 다이어트 중에도 행복한 한 끼를 즐겨보세요. 2~3배로 만들어 가족, 지인들과 함께 먹어도 좋아요.
PLUS INFO에서는 일품요리를 활용한 1+1 레시피를 소개하니 알차게 활용하세요!

파전

전은 집에 있는 재료로 간단히 만들어 먹을 수 있고 남녀노소 누구나 좋아하는 메뉴지만, 기름지고 밀가루를 많이 섭취하게 되서 다이어트 식으로는 적합하지 않아요. 하지만 소량의 부침가루만 사용하고 대신 감자를 갈아 넣어 칼로리를 낮추면 다이어트 요리로 손색이 없답니다.

Calorie Cut point

- Point 1 부침가루 양 줄이기 + 감자 ▷ **154kcal ⬇**
- Point 2 식용유 1큰술 ··· 코코넛오일 1/2작은술 ▷ **97kcal ⬇**

조리시간 _ 15분

—

재료 _ 1인분

▷ **쪽파** 3줄기(21g)
▷ **양파** 1/6개(25g)
▷ **당근** 1/6개(30g)
▷ **홍고추** 1개
▷ **감자** 1개(120g)
▷ **부침가루** 3과 1/2큰술 (약 30g)
▷ **물** 1과 1/2큰술 + 1/4컵(50㎖)
▷ **정제 코코넛오일** 1/2작은술

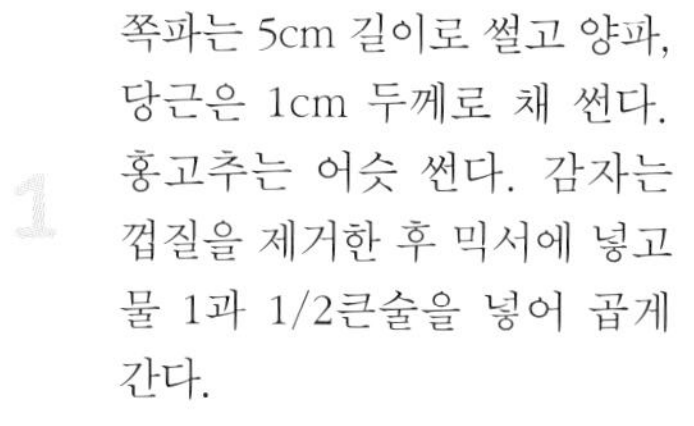

1 쪽파는 5cm 길이로 썰고 양파, 당근은 1cm 두께로 채 썬다. 홍고추는 어슷 썬다. 감자는 껍질을 제거한 후 믹서에 넣고 물 1과 1/2큰술을 넣어 곱게 간다.

2 볼에 부침가루, 물 1/4컵, 감자를 넣고 잘 섞어 반죽을 만든다.

3 달군 팬에 코코넛오일을 넣고 반죽의 2/3 분량을 올린다. 중약 불에서 얇게 편 후 위에 채소를 골고루 올리고 남은 반죽을 뿌린다.

tip. 채소는 애호박, 버섯 등 냉장고에 있는 자투리 채소를 사용해도 좋아요.

4 파전의 가장자리가 노릇해질 때까지 2~3분 → 뒤집어 2분간 더 굽는다.

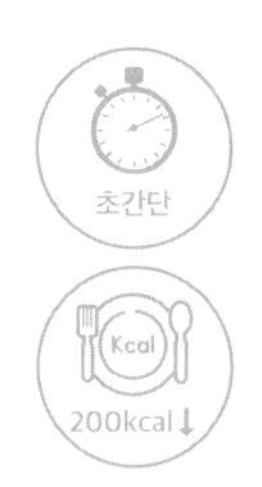

골뱅이무침

골뱅이와 각종 채소를 새콤 달콤한 양념에 무친 골뱅이무침에는 소면을 곁들여야 제맛이지요. 골뱅이무침의 소면을 곤약면으로 대체하면, 단백질이 풍부한 골뱅이와 신선한 채소를 섭취 할 수 있어 다이어트식으로 딱이에요.

Calorie Cut point

✓ Point 1 소면 ···› 곤약면 ▷ ***208kcal*** ↓

✓ Point 2 설탕 ···› 스테비아 ▷ ***62kcal*** ↓

조리시간 _ 10분

—

재료 _ 1인분

- ▷ **곤약면** 1/2봉지(100g)
- ▷ **통조림 골뱅이** 10개(60g)
- ▷ **오이** 1/3개(50g)
- ▷ **양배추** 50g(손바닥 크기 2장)
- ▷ **대파** 20cm(20g)
- ▷ **양파** 1/6개(25g)

양념

- ▷ **고춧가루** 1큰술
- ▷ **간장** 2/3큰술
- ▷ **식초** 1/2큰술
- ▷ **맛술** 1/2큰술
- ▷ **다진 마늘** 1/2작은술
- ▷ **참기름** 1/2작은술
- ▷ **깨소금** 1/2작은술
- ▷ **스테비아** 1꼬집 (0.05g)

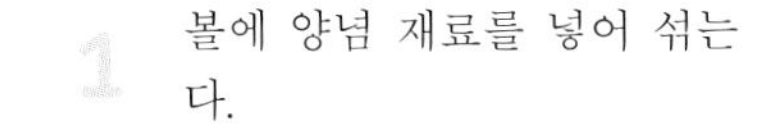

1 볼에 양념 재료를 넣어 섞는다.

2 오이는 1cm 두께의 반달 모양으로 썰고 양배추, 대파, 양파는 0.5cm 두께로 채 썬다.

3 볼에 곤약면을 제외한 모든 재료와 양념을 넣고 버무린다.

4 곤약면은 체에 밭쳐 흐르는 물에 여러 번 헹군 후 물기를 제거한다. 그릇에 ③과 곤약면을 넣고 골고루 비벼먹는다.

Calorie Cut cooking

통조림 골뱅이를 끓는 물에 넣고 살짝 데치면 짠 맛을 줄이고 첨가물을 대부분 제거할 수 있다.

고추잡채 _1+1메뉴 140쪽

돼지고기 대신 *건조 콩단백을 사용해 단백질은 지키고, 칼로리는 낮춘 칼로리컷 고추잡채를 소개해드릴게요. 고추잡채의 단짝인 꽃빵은 칼로리가 높은 편이니 삶은 양배추를 곁들여 보세요.

*건조 콩단백 설명 16쪽 참고

Calorie Cut point

- ✔ Point 1 돼지고기 ··· 콩단백 ▷ ***69kcal*** ⬇
- ✔ Point 2 설탕 ··· 스테비아 ▷ ***62kcal*** ⬇
- ✔ Point 3 고추기름 생략 ▷ ***98kcal*** ⬇

조리시간 _ 15분
(+ 콩단백 불리기 15분)

—

재료 _ 1인분

- ▷ **오이고추** 3개
  (또는 피망 1개, 80g)
- ▷ **파프리카** 1/2개(160g)
- ▷ **양파** 1/4개(40g)
- ▷ **건조 콩단백** 20g
  (또는 포두부, 닭가슴살)
- ▷ **참기름** 1작은술
- ▷ **통깨** 1작은술

양념

- ▷ **국간장** 1작은술
- ▷ **굴소스** 1작은술
- ▷ **참기름** 1작은술
- ▷ **다진 마늘** 1작은술
- ▷ **스테비아** 1꼬집(0.05g)

콩단백 밑간

- ▷ **다진 마늘** 1/2작은술
- ▷ **참기름** 1/4작은술
- ▷ **소금** 약간
- ▷ **후춧가루** 약간

1 볼에 콩단백과 잠길만큼의 미지근한 물을 넣고 15분간 불린다.

2 파프리카, 양파, 고추는 1cm 두께로 채 썬다. 볼에 양념 재료를 넣어 섞는다.

tip. 파프리카는 다양한 색깔에 좋은 영양 성분이 다르므로 빨강, 노랑, 주황색의 파프리카를 골고루 섞어 먹는 것이 좋아요.

3 콩단백은 물기를 꾹 짠 후 1cm 두께로 채 썬다. 볼에 콩단백, 밑간 재료를 넣고 버무린다.

4 달군 팬에 참기름을 두르고, 양파, 콩단백을 넣어 중간 불에서 양파가 반투명해질 때까지 1분 30초간 볶는다.

5 파프리카, 고추, 양념을 넣고 중간 불에서 3~4분간 볶는다.

6 통깨를 뿌려 완성한다.

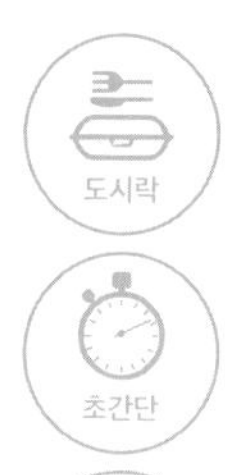

불고기전골 _1+1메뉴 141쪽

지방이 적은 소고기 앞다릿살에 느타리버섯을 추가해 푸짐하게 조리한 다이어트 불고기전골입니다. *곤약 잡곡밥과 쌈채소를 곁들면 든든한 저칼로리 한 끼가 완성돼요.

*곤약 잡곡밥 짓기 25쪽 참고

Calorie Cut point

- ✓ Point 1 소고기 등심 ···› 앞다릿살 ▷ ***116kcal*** ⬇
- ✓ Point 2 소고기 양 줄이기 ···› 버섯 추가 ▷ ***40kcal*** ⬇
- ✓ Point 3 설탕 ···› 스테비아 ▷ ***62kcal*** ⬇

조리시간 _ 15분

—

재료 _ 1인분

- ▷ **소고기 앞다릿살** 60g (또는 불고기용)
- ▷ **표고버섯** 2개(50g)
- ▷ **느타리버섯** 2줌 (또는 새송이버섯, 100g)
- ▷ **대파** 15cm
- ▷ **양파** 1/4개(40g)

양념

- ▷ **간장** 2/3큰술
- ▷ **다진 마늘** 1/2작은술
- ▷ **스테비아** 1꼬집(0.05g)
- ▷ **깨소금** 1/2작은술
- ▷ **물** 2큰술
- ▷ **후춧가루** 약간

✱ 버섯 밑동 활용하기

표고버섯 밑동은 버리지 말고 칼로리컷 까르보나라(54쪽) 재료로 활용하세요. 또는 국물 요리에 넣으면 감칠맛을 더해줘요.

1 표고버섯은 밑동을 제거한 후 1cm 두께로 채 썰고, 느타리버섯은 결대로 찢는다. 대파는 어슷 썰고 양파는 1cm 두께로 채 썬다. 볼에 양념 재료를 넣어 섞는다.

2 깊은 팬(또는 전골냄비) 바닥에 버섯, 양파를 깔고 그 위에 소고기, 양념을 넣는다. 중간 불에서 끓여 가장자리가 끓어오르기 시작하면 약한 불로 줄인 후 소스가 배도록 4분간 끓인다.

3 대파를 넣고 한소끔 끓인다.

tip. 불고기전골에 곁들이는 당면을 좋아한다면, 당면 대신 곤약면을 넣어 먹어도 좋아요.

잡채

당면 대신 곤약면을, 소고기 등심 대신 *건조 콩단백을 사용해 칼로리를 낮춘 다이어트 잡채예요. 곤약면도 당면과 같은 탱글한 식감이 있어 잡채에 잘 어울려요. 도시락으로 싸거나, 냉동 보관 후 먹기 직전 꺼내 팬에 물을 약간 넣고 살짝 볶아 먹어도 좋아요.

*건조 콩단백 설명 16쪽 참고

Calorie Cut point

- ✓ Point 1 기름 ···› 물 ▷ ***55kcal*** ⬇
- ✓ Point 2 당면 ···› 곤약면 ▷ ***338kcal*** ⬇

조리시간 _ 15분
(+ 콩단백 불리기 15분)

—

재료 _ 1인분
▹ **곤약면** 1봉지(200g)
▹ **건조 콩단백** 15g
(또는 포두부, 닭가슴살)
▹ **당근** 1/4개(40g)
▹ **파프리카** 1/4개
(또는 피망 1/2개, 40g)
▹ **양파** 1/4개(40g)
▹ **느타리버섯** 2줌
(또는 새송이버섯, 표고버섯, 양송이버섯, 100g)
▹ **시금치** 1줌(50g)
▹ **물** 1큰술

양념
▹ **간장** 1큰술
▹ **물** 1큰술
▹ **다진 마늘** 1작은술
▹ **참기름** 1/2작은술
▹ **깨소금** 1/4작은술
▹ **스테비아** 1꼬집(0.05g)

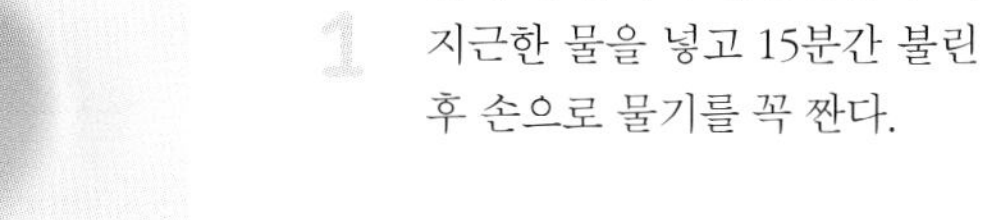

1 볼에 콩단백과 잠길만큼의 미지근한 물을 넣고 15분간 불린 후 손으로 물기를 꼭 짠다.

2 시금치는 끓는 물에 넣어 30초~1분간 데친 후 체에 밭쳐 찬물에 헹궈 물기를 꼭 짠다.

3 당근, 파프리카, 양파, 불린 콩단백은 0.5cm 두께로 채 썰고 시금치는 2등분한다. 느타리버섯은 밑동을 제거한 후 결대로 찢는다.

4 볼에 양념 재료를 넣어 섞는다.

5 달군 팬에 물을 두르고 양파를 넣어 약한 불에서 1분 → 당근, 파프리카, 콩단백, 버섯을 넣고 중간 불에서 버섯의 숨이 죽을 때까지 3~4분간 볶는다.

6 곤약면, 시금치, 양념을 넣고 중간 불에서 1~2분간 볶는다.

오징어볶음 _1+1메뉴 141쪽

오징어볶음을 다이어트식으로 즐겨보세요. 오징어의 단백질과 곤약의 식이섬유, 채소의 천연 색소 영양소인 파이토케미컬까지 모두 섭취할 수 있는 건강식입니다. *곤약 잡곡밥을 곁들이면 든든한 한 끼가 될 거에요.

*곤약 잡곡밥 짓기 25쪽 참고

Calorie Cut point

- ✔ Point 1 오징어 양 줄이기 + 곤약 추가 ▷ ***64kcal*** ⬇
- ✔ Point 2 식용유 1큰술 ··· 코코넛오일 1/2작은술 ▷ ***97kcal*** ⬇
- ✔ Point 3 설탕 ··· 스테비아 ▷ ***62kcal*** ⬇

조리시간 _ 15분

—

재료 _ 1인분

- ▹ **손질 오징어** 1/2마리(80g)
- ▹ **묵곤약** 100g
- ▹ **대파** 10cm 3대(30g)
- ▹ **당근** 1/4개(50g)
- ▹ **양파** 1/4개(40g)
- ▹ **양배추** 50g (손바닥 크기, 2장)
- ▹ **정제 코코넛오일** 1/2작은술
- ▹ **참기름** 1/2작은술
- ▹ **통깨** 1/2작은술

양념

- ▹ **고춧가루** 1/2큰술
- ▹ **고추장** 1/2큰술
- ▹ **간장** 2/3큰술
- ▹ **다진 마늘** 1작은술
- ▹ **스테비아** 1꼬집(0.05g)

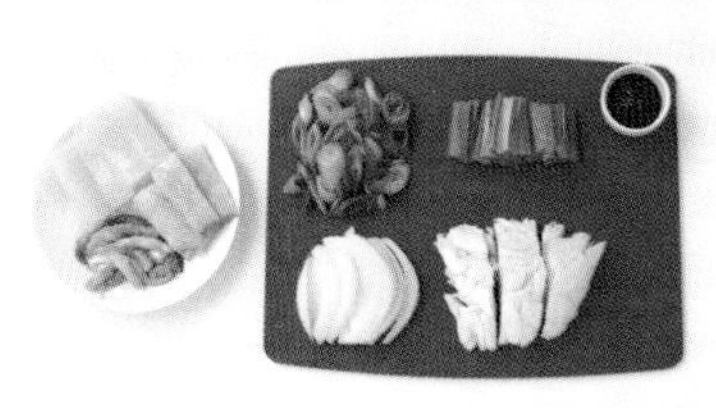
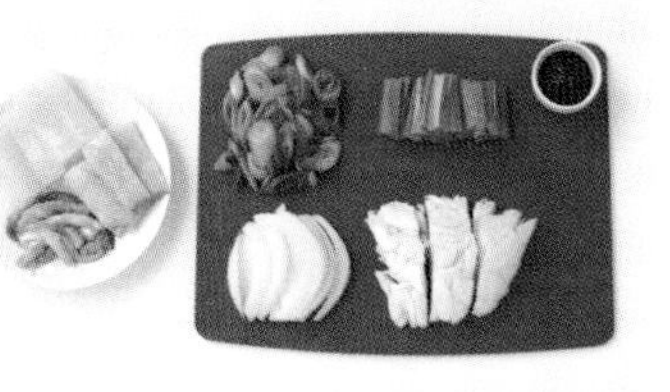

1 곤약과 오징어는 2×5cm 크기로 썬다. 대파는 어슷 썰고, 당근과 양파는 1cm 두께로 채 썬다. 양배추는 2×3cm 크기로 썬다. 볼에 양념 재료를 넣고 섞는다.

2 달군 팬에 코코넛오일, 대파를 넣고 중약 불에서 1분 30초간 볶아 파기름을 낸다.

3 오징어, 곤약, 양념을 넣고 중약 불에서 오징어에 양념이 배도록 3분간 볶는다.

4 채소를 넣고 중약 불에서 양배추의 숨이 죽을 때까지 3분간 볶는다.

5 불을 끄고 참기름과 통깨를 뿌린다.

Calorie Cut cooking

파기름을 만들 때 미니 웍을 사용하면 기름이 가운데로 모여 적은 양의 기름으로도 파기름을 만들 수 있다.

돼지고기 고추장구이

1인분에 약 800kcal 정도인 고추장삼겹살의 칼로리를 확 줄였어요. 삼겹살 대신 기름기가 적은 목살을 사용하고, 고기 양을 줄인 대신 새송이버섯을 삼결살처럼 썰어 듬뿍 넣었답니다. 깻잎이나 상추를 곁들여 쌈 싸먹으면 더 맛있고, 건강하게 즐길 수 있어요.

Calorie Cut point

✓ Point 1 삼겹살 ···› 목살 + 버섯 ▷ ***440kcal*** ⬇

✓ Point 2 설탕 ···› 스테비아 ▷ ***62kcal*** ⬇

조리시간 _ 10분
(+ 양파 매운 맛 제거하기 15분)

—

재료 _ 1인분

- ▷ **돼지고기 목살** 100g
  (또는 닭가슴살 2/3쪽)
- ▷ **새송이버섯** 2개(200g)
- ▷ **양파** 1/4개(40g)
- ▷ **정제 코코넛오일** 1/2작은술

양념

- ▷ **고추장** 2/3큰술
- ▷ **간장** 1/2큰술
- ▷ **다진 마늘** 1작은술
- ▷ **다진 생강** 1/2작은술
- ▷ **올리고당** 1/2큰술
- ▷ **참기름** 1/2작은술
- ▷ **스테비아** 1꼬집(0.05g)

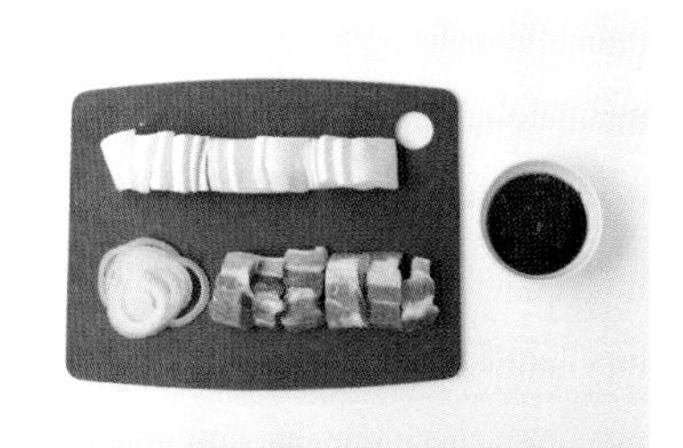

1 새송이버섯과 목살은 먹기 좋은 크기로 썬다. 양파는 링 모양으로 썰고, 볼에 양념 재료를 넣어 섞는다.

2 양파는 찬물에 15분간 담가 매운 맛을 제거한다. 볼에 돼지고기, 새송이버섯, 양념을 넣어 버무린 후 30분간 재운다.

3 달군 팬에 코코넛오일을 넣고 돼지고기, 새송이버섯을 넣어 중약 불에서 양념이 타지 않도록 계속 뒤집어가며 앞뒤로 노릇하게 5분간 굽는다. 그릇에 양파를 깔고 모든 재료를 올린다.

Calorie Cut cooking

삼겹살 대신 비건 삼겹살을 사용하면 비건 레시피가 되고, 칼로리도 더 낮출 수 있다.

✱ 비건 삼겹살 콩단백, 곤약, 타피오카로 만드는 저칼로리, 비건 식품이에요. 식감과 모양이 삼겹살과 흡사해요. ※ 구입처 : 비건 식재료 오픈마켓

찹스테이크 _1+1메뉴 142쪽

찹스테이크는 소고기를 먹기 좋게 썰어 각종 채소와 볶은 요리예요. 칼로리를 낮추기 위해 소고기 양을 1/2로 줄이고 지방 함량이 적은 목심을 사용했답니다. 여기에 새송이버섯을 더해 포만감도 더했지요. 당 함량이 많은 토마토 케찹 대신 토마토퓌레와 스테비아를 섞어 사용해 당분은 줄이고 칼로리는 낮췄어요.

Calorie Cut point

- ✔ Point 1 소고기 등심 ···› 목심 ▷ ***184kcal*** ⬇
- ✔ Point 2 토마토케찹 ···› 토마토퓌레 ▷ ***12kcal*** ⬇
- ✔ Point 3 설탕 ···› 스테비아 ▷ ***62kcal*** ⬇

조리시간 _ 15분

—

재료 _ 1인분

- ▷ **소고기 목심** 100g
  (또는 앞다릿살)
- ▷ **새송이버섯** 2개
  (또는 양송이버섯, 200g)
- ▷ **파프리카** 1개(160g)
- ▷ **피망** 1/2개(40g)
- ▷ **양파** 1/4개(40g)
- ▷ **정제 코코넛오일** 1/2작은술

양념

- ▷ **스테이크 소스** 1큰술
- ▷ **토마토퓌레** 1큰술
- ▷ **다진 마늘** 1작은술
- ▷ **스테비아** 1꼬집(0.05g)

1 파프리카, 피망, 양파, 새송이버섯은 사방 1~2cm 크기로 썬다. 소고기는 사방 2~3cm 크기로 썬다. 볼에 양념 재료를 넣어 섞는다.

2 달군 팬에 소고기를 넣고 중간 불에서 소고기 표면이 살짝 익도록 2분간 굴려가며 굽는다.

3 채소, 버섯을 넣고 센 불에서 반 정도 익을 때까지 2~3분간 볶는다.

4 양념을 넣고 중간 불에서 3분간 볶는다.

Calorie Cut cooking

소고기에서 나온 기름이 부족하면, 기름이 아니라, 물을 조금 넣어 볶아 칼로리를 낮춘다.

닭볶음탕_1+1메뉴 142쪽

닭볶음탕용으로 판매되는 닭 대신 기름기가 적은 닭안심살로 만든 담백하고 매콤한 칼로리컷 닭볶음탕이에요. 찜닭처럼 당면을 넣어 먹고 싶다면 당면 대신 곤약면을 추가해서 조리해도 좋아요. *곤약 잡곡밥을 곁들여 든든하게 즐기세요!

*곤약 잡곡밥 짓기 25쪽 참고

Calorie Cut point

- Point 1 닭볶음탕용 닭 ··· 닭안심 ▷ ***191kcal*** ⬇
- Point 2 설탕 ··· 양파 단맛 ▷ ***23kcal*** ⬇

조리시간 _ 15분

—

재료 _ 1인분

- ▹ **닭안심** 4쪽
  (또는 닭가슴살 1쪽, 140g)
- ▹ **애호박** 1/4개(75g)
- ▹ **당근** 1/4개(50g)
- ▹ **양파** 1/2개(80g)
- ▹ **대파** 10cm
- ▹ **코코넛설탕** 1/2작은술
- ▹ **다진 마늘** 1작은술
- ▹ **다진 생강** 1/2작은술
- ▹ **물** 1컵(200㎖)

양념

- ▹ **고춧가루** 1큰술
- ▹ **간장** 1큰술
- ▹ **베지시즈닝** 1/2작은술
  (또는 천연조미료)

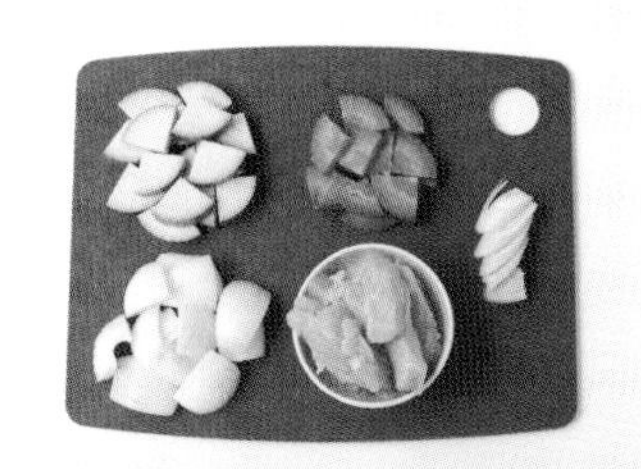

1 애호박, 당근은 1cm 두께의 부채꼴 모양으로 썰고, 양파는 사방 2cm 크기로 썬다. 닭안심은 2등분하고 대파는 어슷 썬다.

2 달군 팬에 물을 넣고, 대파를 제외한 채소를 바닥에 깐다. 그 위에 닭안심, 코코넛설탕, 다진 마늘, 다진 생강을 넣고 중간 불에서 닭이 반 정도 익어 불투명해질 때까지 3분간 끓인다.

3 팬에 양념 재료를 넣고 약한 불에서 양념이 배도록 5분간 끓인다.

tip. 설탕을 넣으면 양념이 재료의 속까지 조금 더 빨리 배게 할 수 있어요.

4 대파를 넣고 1분간 더 끓인다.

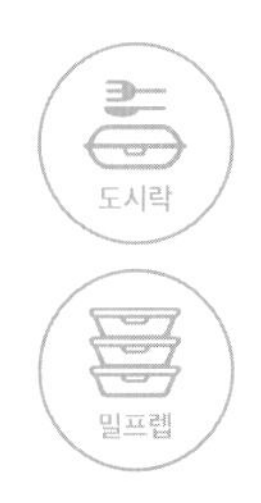

치킨너겟_1+1메뉴 143쪽

지방이 적은 닭안심으로 만든 치킨너겟이에요. 칼로리를 더 낮추기 위해 닭안심의 양을 줄이고 단호박을 추가했어요. 치킨 너겟에 샐러드 채소를 함께 곁들여 치킨 샐러드로 즐겨도 좋아요.

Calorie Cut point

- Point 1 닭고기 줄이고 단호박 추가 ▷ **98kcal** ↓
- Point 2 식용유 2큰술 → 코코넛오일 1/2작은술 ▷ **152kcal** ↓
- Point 3 허니 머스타드 소스 → 칼로리컷 달콤 머스타드 소스 ▷ **30kcal** ↓

조리시간 _ 15분

—

재료 _ 1인분(약 10개분)

- ▹ **닭안심** 4쪽
  (또는 닭가슴살 1쪽, 140g)
- ▹ **단호박** 80g
- ▹ **치킨 튀김가루** 1과 1/2큰술
  (또는 튀김가루, 12g)
- ▹ **정제 코코넛오일** 1/2작은술

칼로리컷 달콤 머스타드 소스

- ▹ 머스타드 2작은술
- ▹ 스테비아 1꼬집(0.05g)

1 내열 용기에 단호박, 물 약간을 넣고, 전자레인지(700W)에 넣어 2분간 익힌다.

2 닭안심, 단호박은 한입 크기로 썬다.

3 믹서에 닭안심, 단호박을 넣고 간다.

4 ③을 10~11개로 나눠 동그랗게 빚은 후 앞뒤로 치킨 튀김가루를 묻힌다.

5 달군 팬에 코코넛오일을 넣고 너겟을 올린 후 중약 불에서 앞뒤로 노릇하게 4분간 굽는다. 볼에 칼로리컷 달콤 머스타드 소스 재료를 넣고 섞어 곁들인다.

Calorie Cut cooking

치킨너겟을 기름에 튀기지 않고 구우면 칼로리를 낮출 수 있다.

몽골리안 치킨 _1+1메뉴 143쪽

'몽골리안 비프'의 주재료인 소고기 대신 칼로리가 낮은 닭 안심으로 만든 칼로리컷 몽골리안 치킨입니다. 밥과 곁들여 먹어도 좋고, 밥 대신 쌈 채소를 곁들여 칼로리를 대폭 낮춰도 좋아요.

Calorie Cut point

- ✓ Point 1 소고기 ··· 닭안심 ▷ ***118kcal*** ⬇
- ✓ Point 2 설탕 ··· 스테비아 ▷ ***62kcal*** ⬇
- ✓ Point 3 식용유 1큰술 ··· 코코넛오일 1/2작은술 ▷ ***97kcal*** ⬇

조리시간 _ 10분

—

재료 _ 1인분

- ▷ **닭안심** 3쪽
  (또는 닭가슴살 1쪽, 120g)
- ▷ **새송이버섯** 1과 1/2개
  (또는 양송이, 느타리버섯 150g)
- ▷ **쪽파**(푸른부분) 2줄기(5g)
- ▷ **다진 마늘** 1작은술
- ▷ **다진 생강** 1/2작은술
- ▷ **정제 코코넛오일** 1/2작은술
- ▷ **물** 4큰술
- ▷ **국간장** 1큰술
- ▷ **스테비아** 1꼬집(0.05g)

1 닭안심은 3등분하고 새송이버섯은 한입 크기로, 쪽파는 5cm 길이로 썬다.

2 달군 팬에 코코넛오일, 다진 마늘, 다진 생강을 넣고 약한 불에서 1분간 볶아 향을 낸다.

3 물, 간장, 스테비아를 넣고 한소끔 끓여 몽골리안 소스를 만든다.

4 닭안심, 새송이버섯을 넣고 약한 불에서 소스가 배도록 5분간 끓인 후 쪽파를 넣고 섞는다.

짜조

짜조는 돼지고기, 새우, 채소 등을 잘게 다져 만든 소를 라이스페이퍼로 말아 기름에 튀긴 베트남식 만두입니다. 칼로리를 낮추기 위해 돼지고기를 두부로 대체하고, 기름에 튀기지 않고 바삭하게 구웠어요.

Calorie Cut point

✓ Point 1 돼지고기 ··· 두부 ▷ ***154kcal*** ↓

✓ Point 2 튀기기 ··· 굽기 ▷ ***255kcal*** ↓

조리시간 _ 20분

—

재료 _ 1인분(6개분)

▷ **라이스페이퍼** 6장 (지름 15cm, 30g)
▷ **두부** 큰 팩 1/2모 (부침용, 150g)
▷ **애호박** 1/4개 (또는 주키니, 75g)
▷ **당근** 1/3개(70g)
▷ **표고버섯** 1개 (또는 느타리버섯, 새송이버섯, 양송이버섯, 25g)
▷ **소금** 1/2작은술
▷ **후춧가루** 1/4작은술
▷ **정제 코코넛오일** 1작은술

1 두부는 키친타월로 감싸 물기를 제거한다.

tip. 두부의 물기를 제대로 제거해야 라이스페이퍼가 터지지 않게 구울 수 있어요.

2 애호박, 당근, 표고버섯은 잘게 다지고, 두부는 으깬다.

3 달군 팬에 애호박, 당근, 표고버섯, 두부를 넣고 중간 불에서 3~5분간 볶아 수분을 제거한다. 소금, 후춧가루를 넣고 1분간 더 볶는다.

4 라이스페이퍼는 따뜻한 물에 담갔다 뺀 후 도마 또는 그릇에 펼쳐 올린다. ③을 1/6씩 올린 후 돌돌 만다. 같은 방법으로 5개 더 만든다.

5 달군 팬에 코코넛오일을 넣고 키친타월로 얇게 펴 바른 후 ④를 올린다. 중간 불에서 모든 면을 굴려가며 노릇하게 4분간 굽는다.

Calorie Cut cooking

채소의 수분으로 기름 없이 볶으면 칼로리를 낮출 수 있다.

칠리새우

튀긴 새우를 새콤달콤한 소스에 곁들인 중국식 요리 칠리새우도 부담 없이 즐길 수 있어요. 칼로리컷 칠리새우는 새우를 튀기지 않고 코코넛오일에 구운 후 소스에 볶았답니다.

Calorie Cut point

✓ Point 1 튀김가루 생략 ▷ ***154kcal*** ⬇

✓ Point 2 튀기기 ⋯› 굽기 ▷ ***188kcal*** ⬇

조리시간 _ 10분

—

재료 _ 1인분

- ▷ **냉동 생 새우(대)** 9마리(135g)
- ▷ **양파** 1/8개(20g)
- ▷ **대파** 10cm
- ▷ **다진 마늘** 1/2작은술
- ▷ **정제 코코넛오일** 1/2작은술 + 1/2작은술
- ▷ **케찹** 1과 1/2큰술
- ▷ **스리라차 소스** 1큰술(5g)

1 양파, 대파는 굵게 다진다.

2 달군 팬에 코코넛오일 1/2작은술, 양파, 대파를 넣고 중약 불에서 양파가 반투명해질 때까지 1분 30초간 볶아 향을 낸다.

3 코코넛오일 1/2작은술, 다진 마늘, 새우를 넣고 중간 불에서 새우가 빨갛게 익을 때까지 2분간 굽는다.

4 케찹, 스리라차 소스를 넣고 센 불에서 30초간 빠르게 볶다가 중약 불로 줄여 새우에 소스가 베이도록 1~2분간 졸인다.

Calorie Cut cooking

넓적한 프라이팬보다는 깊은 팬(웍)을 사용하면 재료가 가운데로 모여 적은 기름으로도 재료를 볶을 수 있다.

오꼬노미야키 _1+1메뉴 144쪽

오꼬노미야키는 한국의 부침개와 비슷한 일본식 요리입니다. 양배추가 듬뿍 들어가서 곁들이는 소스의 양과 조리용 오일의 양을 줄이면 다이어트 음식으로도 손색없어요. 칼로리컷 오꼬노미야키는 부침가루의 양을 줄이고 달걀흰자만 넣어 칼로리를 더 낮췄습니다.

Calorie Cut point

- ✔ Point 1 부침가루 줄이기 ▷ ***92kcal*** ↓
- ✔ Point 2 식용유 1큰술 ···→ 코코넛오일 1/2작은술 ▷ ***97kcal*** ↓

조리시간 _ 10분

—

재료 _ 1인분

- ▷ **양배추** 100g (손바닥 크기 약 4장)
- ▷ **냉동 생 칵테일 새우** 3마리 (킹사이즈, 45g)
- ▷ **달걀흰자** 1개분
- ▷ **부침가루** 3큰술(24g)
- ▷ **물** 1/4컵(50㎖)
- ▷ **정제 코코넛오일** 1/2작은술
- ▷ **하프 마요네즈** 3/4큰술(10g)
- ▷ **가쓰오부시** 1/4컵(2.5g)
- ▷ **파슬리가루** 약간 (또는 김가루)

소스

- ▷ **양조간장** 1작은술
- ▷ **토마토퓌레** 1/2작은술
- ▷ **스테비아** 1꼬집(0.05g)
- ▷ **물** 1/2작은술

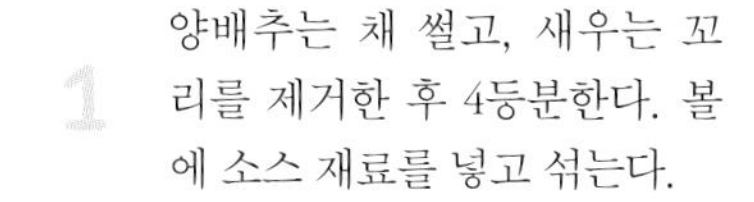

1 양배추는 채 썰고, 새우는 꼬리를 제거한 후 4등분한다. 볼에 소스 재료를 넣고 섞는다.

2 볼에 달걀흰자, 부침가루, 물을 넣어 잘 푼 후 양배추, 새우를 넣고 섞는다.

3 달군 팬에 코코넛오일을 넣고, 반죽을 올려 넓게 편다. 중약불에서 3분 → 뒤집어 앞뒤로 노릇하게 2분간 구워 그릇에 담는다.

4 소스를 넓게 펴 바르고 마요네즈 → 가쓰오부시 순으로 올린 후 파슬리가루를 뿌린다.

tip._ 토핑으로 올리는 가쓰오부시는 저칼로리 고단백 식품이지만 염분이 많으므로 적당량 섭취하는게 좋아요.

Calorie Cut cooking

반죽의 농도를 묽게 밀가루 양을 줄여 해 칼로리를 낮춘다. 반죽이 묽어도 많은 양의 양배추와 함께 버무려 굽기 때문에 잘 부쳐진다.

페타치즈 새우피자

두툼한 피자 도우 대신 얇은 또띠아를 사용한 가볍고 담백한 피자예요. 또띠아에 토마토페이스트를 바르고 양파, 피망, 새우를 올려 구웠어요. 페타치즈 대신 두부로 만든 *두부 페타치즈를 사용해 칼로리를 더 낮췄답니다. 전날 만들고, 다음날 아침 내열 용기에 담아 도시락으로 싸도 좋아요.

*두부 페타치즈 만들기 26쪽 참고

Calorie Cut point

- Point 1 밀가루 도우 ··· 또띠아 ▷ ***302kcal*** ↓
- Point 2 페타치즈 ··· 두부 페타치즈 ▷ ***32kcal*** ↓
- Point 3 슈레드 치즈 양 줄이기 ▷ ***54kcal*** ↓

조리시간 _ 15분

—

재료 _ 1인분

▹ **또띠아** 1장(지름 20cm, 45g)
▹ **냉동 생 칵테일새우** 4마리 (중간 크기, 40g)
▹ **양파** 1/8개(20g)
▹ **피망** 1/3개 (또는 오이고추, 25g)
▹ **방울토마토** 4개(48g)
▹ **블렌드 슈레드 치즈** 3큰술 (또는 슈레드 모짜렐라 치즈, 20g)
▹ **두부 페타치즈** 2조각(15g)
※ 만드는 법 26쪽 참고
▹ **토마토페이스트** 1과 1/2큰술

1 양파, 피망은 0.5cm 두께로 채 썰고 방울토마토는 2등분한다. 새우는 등에 칼집을 낸다.

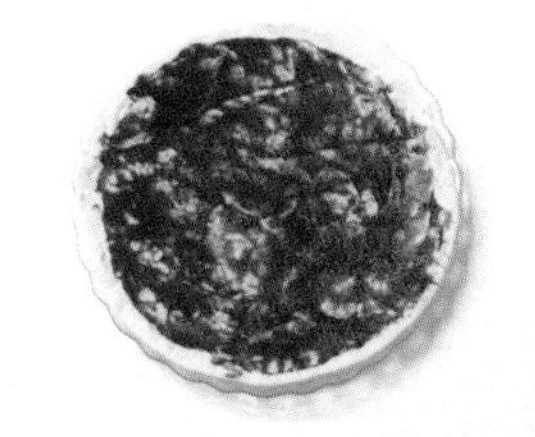

2 또띠아에 토마토페이스트를 펴 바른다.

3 오븐 팬 위에 ②를 올린 후 새우, 양파, 피망, 방울토마토를 올리고 마지막에 슈레드 치즈를 뿌린다. 200℃로 예열한 오븐에 넣어 약 8분간 굽는다.

4 피자 위에 두부 페타치즈를 뿌린다.

마약 옥수수피자

옥수수의 달콤하고 고소한 맛과 치즈의 짭조름한 맛이 잘 어우러진 피자입니다. 크림 소스 대신 두유 크림 소스를 사용해 칼로리를 낮췄어요.

Calorie Cut point

- ✔ Point 1 밀가루 도우 ···› 또띠아 ▷ ***302kcal*** ⬇
- ✔ Point 2 크림소스 ···› 두유 크림소스 ▷ ***161kcal*** ⬇
- ✔ Point 3 피자치즈 1/2로 줄이기 ▷ ***54kcal*** ⬇

조리시간 _ 20분
(+ 채수 우리기 30분)

—

재료 _ 1인분

- ▷ **또띠아** 1장
  (지름 20cm, 8인치)
- ▷ **초당 옥수수** 1/2개
  (또는 물기를 제거한 통조림 옥수수 1컵, 150g)
- ▷ **양파** 1/8개(20g)
- ▷ **블렌드 슈레드 치즈** 3큰술
  (또는 슈레드 모짜렐라 치즈, 20g)
- ▷ **파마산 치즈가루** 1작은술
- ▷ **칠리파우더** 1/2작은술

두유 크림 소스

- ▷ **무가당 두유** 3/5컵(120㎖)
- ▷ **파마산 치즈가루** 1큰술
- ▷ **녹말물** 1작은술
  (감자전분 1/2작은술 + 물 1/2작은술)

1 냄비에 두유 크림 소스 재료의 두유, 파마산 치즈가루를 넣고 소스의 양이 1/2로 줄어들 때까지 중간 불에서 6~7분간 저어가며 끓인다. 불을 끄고 녹말물을 넣어 빠르게 섞는다.

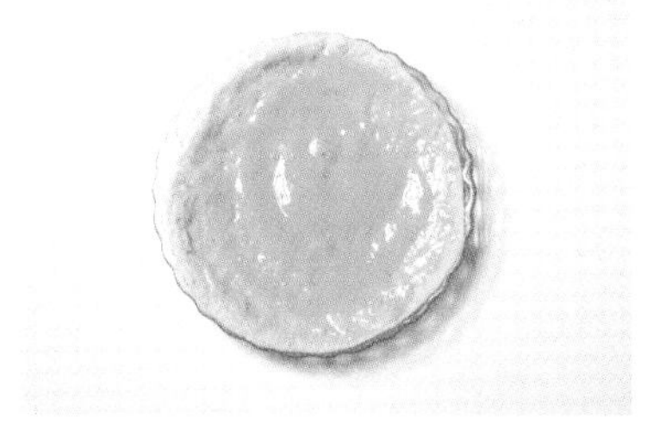

2 양파는 굵게 다진다. 옥수수는 2등분한 후 한 개는 낟알로 떼어 내고, 나머지 한 개는 낟알이 붙어있도록 저미듯 4등분한다.

3 또띠아에 ①의 두유 크림소스를 펴 바른다.

4 오븐 팬에 ③을 올린 후 양파, 옥수수, 슈레드 치즈를 올린다. 200℃로 예열한 오븐에 넣어 8분간 구운 후 칠리파우더, 파마산 치즈가루를 뿌린다.

tip. 치즈가루 대신 뉴트리셔널 이스트를 넣으면 비건식으로 즐길 수 있어요.

하머스 플레이트

_1+1메뉴 144쪽

하머스(또는 후무스)는 삶은 병아리콩을 으깨서 만든 중동식 소스예요. 생각보다 많은 양의 올리브오일로 만들어 칼로리가 꽤 높지요. 칼로리컷 하머스는 오일 대신 두유를 넣어 칼로리를 낮췄어요. 남은 하머스는 소분해 냉동해두었다가 먹고 싶을 때마다 꺼내 해동해 먹어도 좋아요.

Calorie Cut point

✔ Point 1 올리브오일 ···› 무가당 두유 ▷ ***203kcal*** ⬇

조리시간 _ 25분
(+ 병아리콩 불리기 8시간 이상)

—

재료 _ 1인분

- ▷ **불린 병아리콩** 1/2컵(100g)
- ▷ **두유** 3큰술(또는 저지방 우유)
- ▷ **올리브오일** 1/2큰술
- ▷ **레몬즙** 1/2큰술
- ▷ **다진 마늘** 1작은술
- ▷ **소금** 1/4작은술
- ▷ **깨소금** 1작은술

토핑

- ▷ **방울토마토** 5개(60g)
- ▷ **병조림 올리브** 7개(12g)
- ▷ **두부 페타치즈** 3조각 (12g)
  ※ 만드는 법 26쪽 참고
- ▷ **새싹 채소** 1/2줌(10g)

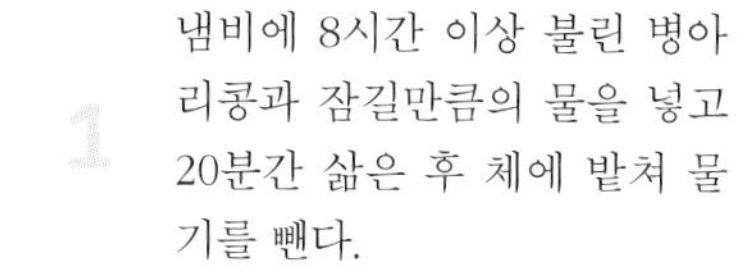

1 냄비에 8시간 이상 불린 병아리콩과 잠길만큼의 물을 넣고 20분간 삶은 후 체에 밭쳐 물기를 뺀다.

2 블랜더에 삶은 병아리콩, 두유, 올리브오일, 레몬즙, 다진 마늘, 소금을 넣고 곱게 간다.

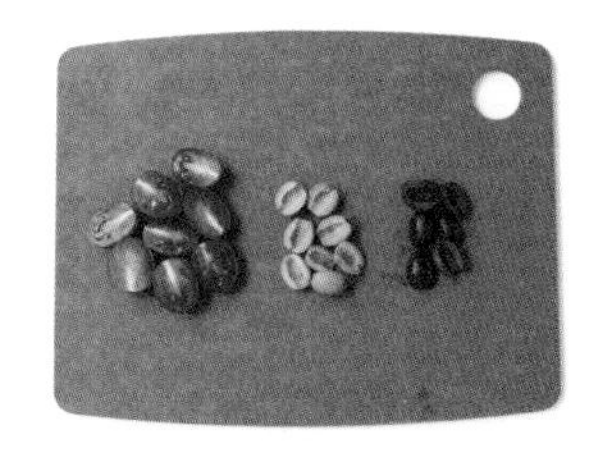

3 토핑 재료의 방울토마토, 올리브는 2등분한다.

4 그릇에 모든 재료를 담는다.

파히타 _1+1메뉴 145쪽

구운 소고기나 닭고기, 새우를 또띠아에 싸먹는 멕시코 요리 파히타. 칼로리가 높은 소고기 대신 고단백 저칼로리인 닭근위를 사용하였고, 옥수수가루에 물만 섞어 만든 홈메이드 또띠아를 곁들여 칼로리를 더 낮췄어요. 시간이 없고, 귀찮다면 시판 또띠아를 활용하셔도 돼요.

Calorie Cut point

✓ Point 1 소고기 ···› 닭근위(또는 닭가슴살) ▷ ***134kcal*** ⬇

✓ Point 2 시판 또띠아 ···› 홈메이드 또띠아 ▷ ***102kcal*** ⬇

조리시간 _ 10분

—

재료 _ 1인분

- ▷ **닭근위** 5쪽 (또는 닭가슴살 2/3쪽, 75g)
- ▷ **냉동 칵테일 새우(대)** 5마리 (75g)
- ▷ **빨강 파프리카** 1/4개 (또는 피망, 40g)
- ▷ **노랑 파프리카** 1/4개 (또는 피망, 40g)
- ▷ **양파** 1/4개(40g)
- ▷ **방울토마토** 4개(48g)
- ▷ **병조림 할라피뇨** 3개(12g)
- ▷ **홈메이드 또띠아** 4장 (또는 시판 또띠아)

※ 만드는 법 27쪽 참고

- ▷ **정제 코코넛오일** 1/2작은술 + 1/2작은술
- ▷ **소금** 약간
- ▷ **후춧가루** 약간

곁들임 소스

- ▷ **살사 소스** 2큰술(30g)
- ▷ **플레인 요거트** 1큰술(15g)

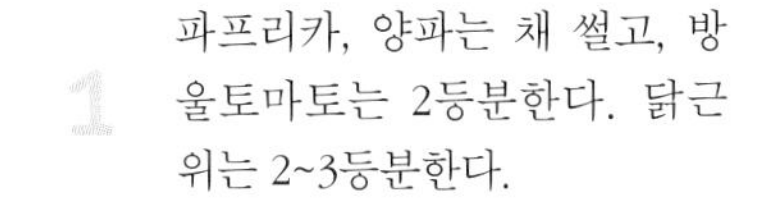

1 파프리카, 양파는 채 썰고, 방울토마토는 2등분한다. 닭근위는 2~3등분한다.

2 달군 팬에 코코넛오일 1/2작은술, 파프리카, 양파를 넣고 중간 불에서 양파가 반투명해질 때까지 1분 30초간 볶아 그릇에 덜어둔다.

3 다시 팬을 달군 후 코코넛오일 1/2작은술, 닭근위, 새우를 넣고 중간 불에서 재료가 익을 때까지 4분간 구운 후 소금, 후춧가루를 뿌린다.

4 그릇에 모든 재료를 담는다. 또띠아에 기호에 따라 채소, 새우, 닭근위, 소스를 올려 싸 먹는다.

에그인헬 _1+1메뉴 145쪽

에그인헬의 정식 이름은 '샥슈카'입니다. 피망, 토마토, 양파 등을 볶아 토마토 소스와 버무리고 그 위에 달걀을 깨 넣는 요리예요. 만들기도 쉽고, 모양도 훌륭해서 다이어트를 하고 있지만 파티 기분을 내고 싶을 때 추천하는 요리랍니다. 바삭하게 구운 통밀빵을 곁들이거나 토핑으로 *두부 페타치즈를 올려도 좋아요. *두부 페타치즈 만들기 26쪽 참고

Calorie Cut point

✓ Point 1 식용유 1/2큰술 ···› 코코넛오일 1/2작은술 ▷ ***41kcal*** ⬇

✓ Point 2 베이컨 생략 ▷ ***162kcal*** ⬇

조리시간 _ 15분

—

재료 _ 1인분

▹ **달걀** 1개
▹ **마늘** 1쪽
(5g, 또는 다진 마늘 1작은술)
▹ **양파** 1/4개(40g)
▹ **파프리카** 1/2개(80g)
▹ **시금치** 3줄기(또는 바질 잎)
▹ **정제 코코넛오일** 1/2작은술
▹ **파마산 치즈가루** 1작은술(2g)
▹ **시판 토마토 스파게티 소스**
1과 1/4컵(300g)
▹ **후춧가루** 약간

1 마늘은 잘게 다지고, 양파, 파프리카는 굵게 다진다.

2 달군 팬에 코코넛오일, 마늘, 양파를 넣고 중약 불에서 1분 30초 → 파프리카를 넣고 1분 30초간 볶는다.

3 토마토 소스를 넣고 3분간 끓인다.

4 가장자리가 끓어오르면 달걀을 넣고 중간 불에서 달걀흰자만 살짝 익을 때까지 2분 → 시금치를 올려 1분간 끓인다. 파마산 치즈가루, 후춧가루를 뿌린다.

셰퍼드 파이

셰퍼드 파이는 영국을 대표하는 전통 음식으로 볶은 고기와 채소 위에 매쉬포테이토를 올려 오븐에 구운 요리예요. 여러 가지 채소가 듬뿍 들어간 레시피로, 다양한 채소의 영양을 섭취할 수 있답니다. 재료의 달걀노른자를 두유로 바꾸고 파마산 치즈가루 대신 뉴트리셔널 이스트를 사용하면 비건 레시피로 즐길 수 있어요.

Calorie Cut point

- ✓ Point 1 감자 ···› 콜리플라워 ▷ ***40kcal*** ⬇
- ✓ Point 2 소고기 ···› 표고버섯 ▷ ***178kcal*** ⬇

조리시간 _ 35분

—

재료 _ 1인분

- ▷ **애호박** 1/6개(50g)
- ▷ **표고버섯** 3개(75g)
- ▷ **양파** 1/4개(40g)
- ▷ **당근** 1/4개(50g)
- ▷ **통조림 옥수수** 2와 1/2큰술 (25g)
- ▷ **다진 마늘** 1작은술(4g)
- ▷ **정제 코코넛오일** 1/2작은술
- ▷ **토마토페이스트** 1작은술
- ▷ **스테이크 소스** 1작은술 (또는 굴소스)

콜리플라워 매쉬

- ▷ **콜리플라워** 1/4개(100g)
- ▷ **달걀노른자** 1개
- ▷ **파마산 치즈가루** 1작은술
- ▷ **소금** 1/4작은술
- ▷ **후춧가루** 1/8작은술

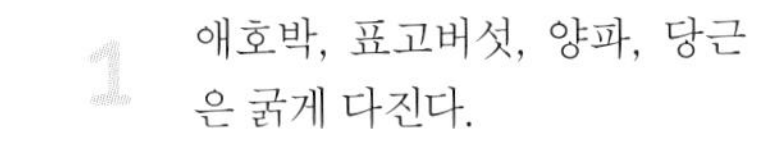

1 애호박, 표고버섯, 양파, 당근은 굵게 다진다.

2 달군 팬에 코코넛오일, 다진 마늘, 양파를 넣고 약한 불에서 1분 30초 → 표고버섯, 애호박, 당근, 옥수수를 넣고 중간 불에서 3분간 볶는다.

3 토마토페이스트와 스테이크 소스를 넣고 1분간 더 볶는다.

4 끓는 물에 콜리플라워를 넣고 3분간 삶는다.

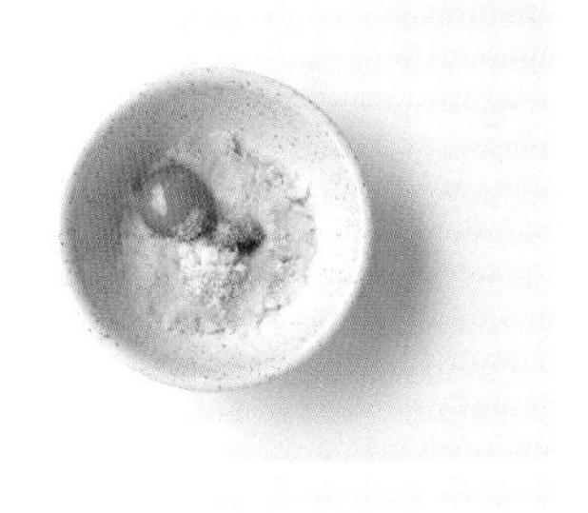

5 볼에 삶은 콜리플라워를 넣고 숟가락 또는 매셔로 으깬다. 나머지 콜리플라워 매쉬 재료를 넣고 섞는다.

6 내열 용기에 ③을 담고 그 위에 ⑤를 올린 후 200℃로 예열한 오븐에 넣어 20분간 굽는다.

칼로리컷 일품요리
1+1 RECIPE

이번 플러스 인포는 귀차니스트 다이어터에게 요긴한 정보입니다. Part 2. 칼로리컷 일품요리를 1.5배 정도 넉넉히 만들어 한 그릇은 바로 먹고, 나머지는 그날 저녁이나 다음날 아침, 또는 점심 도시락으로 만들 수 있는 꿀팁이에요. 간단하고 유용한 칼로리컷 일품요리 1+1 레시피, 놓치지 마세요!

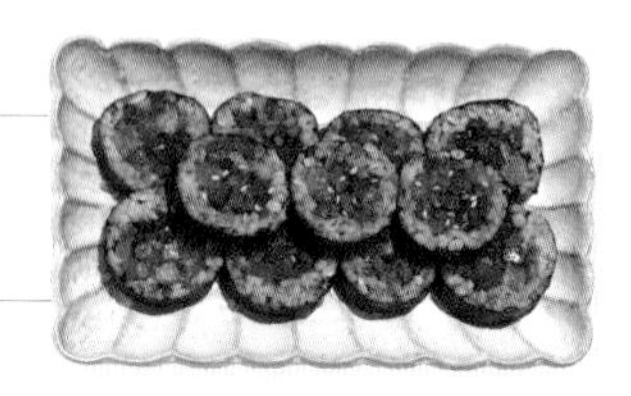

고추잡채 1+1 RECIPE 고추잡채김밥

✓ 조리시간 10분 ✓ 1인분 ✓ 190kcal

재료 칼로리컷 고추잡채 1/3인분(만드는 법 104쪽 참고), 곤약잡곡밥 2/3공기(100g), 김밥 김 1장, 당근 1/8개(25g), 시금치 1/2줌(25g), 김밥용 단무지 1줄, 참기름 1/2작은술, 물 1큰술

만드는 법

1 **재료 손질** : 당근 ▷ 가늘게 채 썰기, 시금치 ▷ 끓은 물에 넣어 30초~1분간 데쳐 물기 제거

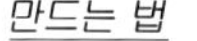
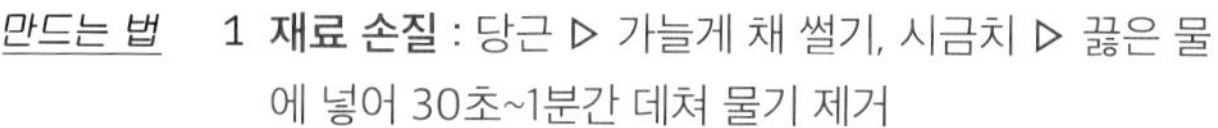

2 볼에 밥, 참기름을 넣어 섞기. 달군 팬에 물, 당근 넣고 불에서 3분간 볶기

3 김 위에 밥을 얇게 편 후 모든 재료를 올려 돌돌 말기

불고기전골 1+1 RECIPE 불고기비빔밥

✓ 조리시간 15분 ✓ 1인분 ✓ 306kcal

106쪽

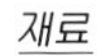

재료 칼로리컷 불고기전골 1/3인분(만드는 법 106쪽 참고), 곤약 잡곡밥 1공기(150g), 시금치 1줌(50g), 당근 1/8개(25g), 애호박 1/6개(50g), 달걀 1개, 물 1/2큰술

양념 국간장 1/2작은술, 다진 마늘 1/2작은술, 다진 청양고추 1/4작은술(1/8개분), 스테비아 1/2꼬집(0.025g), 참기름 1/4작은술

만드는 법

1 **재료 손질** : 당근, 애호박 ▷ 0.5cm 두께 채 썰기, 시금치 ▷ 뿌리 제거한 후 끓는 물에 30초~1분간 데쳐 물기 제거, 양념 ▷ 볼에 넣어 섞기, 달걀 ▷ 프라이하기
2 달군 팬에 물, 당근, 애호박 넣어 중간 불에서 3분간 볶기
3 밥 위에 양념 뿌리고 모든 재료 올리기

오징어볶음 1+1 RECIPE 오징어 고추장파스타

✓ 조리시간 10분 ✓ 1인분 ✓ 395kcal

110쪽

재료 칼로리컷 오징어볶음 1/3인분(만드는 법 110쪽 참고), 스파게티면 1줌(70g), 시판 토마토 스파게티 소스 1/2컵(120g), 정제 코코넛오일 1/2작은술, 소금 약간, 후춧가루 약간

만드는 법

1 끓는 물에 소금, 스파게티면 넣고 7~8분간 삶기
2 달군 팬에 코코넛오일, 칼로리컷 오징어볶음 넣고 중간 불에서 1분 → 토마토소스 넣고 1~2분간 끓이기
3 스파게티면 넣고 중간 불에서 1분간 저어가며 버무린 후 후춧가루를 뿌리기

찹스테이크 1+1 RECIPE 갈릭 스테이크볶음밥

✓ 조리시간 5분　✓ 1인분　✓ 246kcal

<u>재료</u>　칼로리컷 찹스테이크 1/3인분(만드는 법 114쪽 참고), 곤약 잡곡밥 1공기(150g), 마늘 1쪽(또는 다진 마늘 1작은술, 5g), 소금 약간, 후춧가루 약간, 정제 코코넛오일 1/2작은술

<u>만드는 법</u>

1 **재료 손질** : 마늘 ▷ 편썰기, 칼로리컷 찹스테이크 ▷ 굵게 다지기

2 달군 팬에 코코넛오일, 마늘 넣고 약한 불에서 1분 30초 → 찹스테이크 넣고 중간 불에서 2분간 볶기

3 밥을 넣고 중간 불에서 섞은 후 소금, 후춧가루 넣기

닭볶음탕 1+1 RECIPE 닭볶음탕 김치볶음밥

✓ 조리시간 5분　✓ 1인분　✓ 312kcal

<u>재료</u>　칼로리컷 닭볶음탕 1/4인분(만드는 법 116쪽 참고), 곤약 잡곡밥 1공기(150g), 배추김치 1/3컵(50g), 김가루 약간, 참기름 1/2작은술, 통깨 1/2작은술, 정제 코코넛오일 1/2작은술

<u>만드는 법</u>

1 **재료 손질** : 닭볶음탕, 김치 ▷ 굵게 다지기

2 달군 팬에 코코넛오일, 닭볶음탕, 김치 넣고 중약 불에서 2분 → 밥을 넣고 중간 불에서 2분간 볶기

3 불을 끄고 김가루, 참기름, 통깨를 넣고 잘 섞기

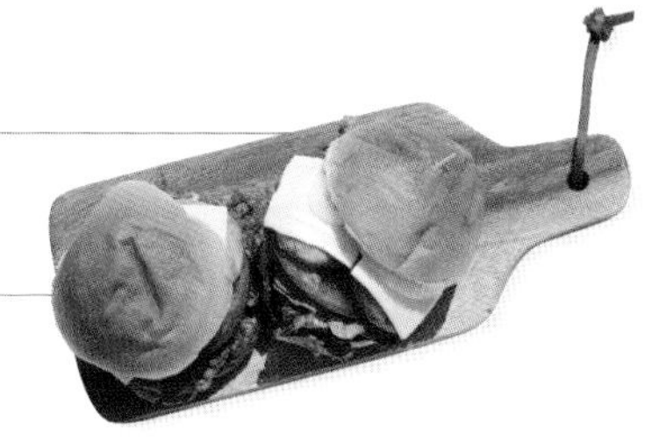

치킨너겟 1+1 RECIPE 미니 치킨버거

✓ 조리시간 5분 ✓ 2개분 ✓ 198kcal(개당)

재료 칼로리컷 치킨너겟 4조각(만드는 법 118쪽 참고), 모닝빵 2개, 토마토 1/3조각(50g), 청상추 2장, 양파 1/16개(10g), 슬라이스 치즈 1장(20g), 케찹 1작은술, 하프 마요네즈 1작은술

만드는 법

1 **재료 손질** : 양파 ▷ 링 모양으로 썰어 찬물에 담가 매운 맛 제거, 토마토 ▷ 링 모양으로 썰기, 상추 ▷ 2등분하기, 치즈 ▷ 4등분하기, 모닝빵 ▷ 가로로 2등분하기
2 볼에 케찹, 마요네즈 넣어 섞기
3 모닝빵 단면에 ②를 펴 바르기 → 상추, 토마토, 칼로리컷 치킨너겟, 치즈, 양파 넣기 → 나머지 모닝빵으로 덮기

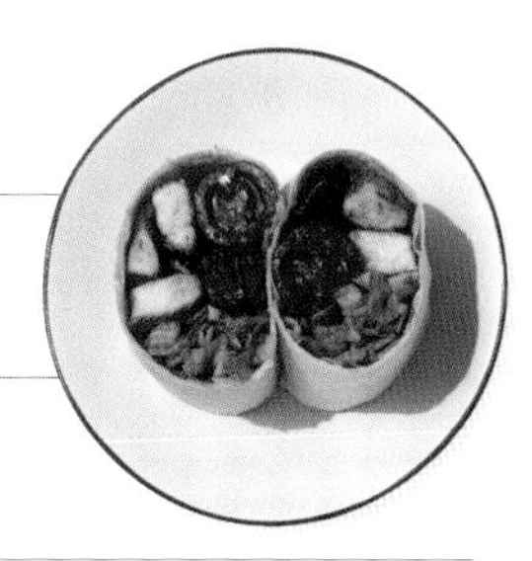

몽골리안 치킨 1+1 RECIPE 치킨 브리또

✓ 조리시간 3분 ✓ 1인분 ✓ 247kcal

재료 칼로리컷 몽골리안 치킨 1/3인분(만드는 법 120쪽 참고), 또띠아 1장, 양상추 1장(30g), 방울토마토 3개(45g), 블렌드 슈레드 치즈 1과 1/2큰술(또는 블렌드 슈레드 치즈, 슈레드 모짜렐라 치즈, 10g), 살사소스 1큰술

만드는 법

1 **재료 손질** : 양상추 ▷ 채 썰기, 방울토마토 ▷ 2등분하기
2 또띠아에 모든 재료를 올려 돌돌 말기

오꼬노미야키 1+1 RECIPE 양배추토스트

✓ 조리시간 5분 ✓ 1인분 ✓ 271kcal

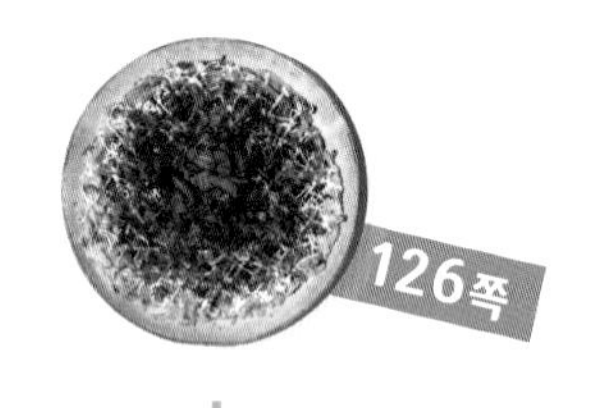

__재료__ 통밀식빵 1장(60g), 칼로리컷 오꼬노미야키(소스 바르기 전) 1/2인분(만드는 법 126쪽 참고), 토마토 1/3개(50g), 청상추 3장(또는 양상추, 로메인), 케찹 1작은술, 하프 마요네즈 1작은술

__만드는 법__

1 **재료 손질** : 식빵 ▷ 얇게 저며 2등분, 토마토 ▷ 편 썰기

2 볼에 케찹, 마요네즈 넣어 섞기

3 식빵 한 장에 소스 바르기, 다른 한 장에 상추, 오꼬노미야끼, 토마토 순으로 올려 소스 바른 식빵으로 덮기

하머스 플레이트 1+1 RECIPE 하머스 오픈토스트

✓ 조리시간 10분 ✓ 1인분 ✓ 153kcal

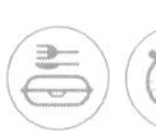

__재료__ 식빵 1/2장, 칼로리컷 하머스 50g(만드는 법 132쪽 참고), 발사믹 식초 1/2큰술, 토마토 1개(150g), 소금 약간, 후춧가루 약간

__만드는 법__

1 **재료 손질** : 토마토 ▷ 1cm 두께의 링 모양으로 썰기

2 달군 팬에 식빵을 올려 앞뒤로 노릇하게 2분간 굽기 → 토마토를 넣고 약한 불에서 앞뒤로 1분간 굽기

3 식빵에 하머스를 바르고 토마토, 소금, 후춧가루, 발사믹 뿌리기

파히타 1+1 RECIPE 브리또 보울

✓ 조리시간 5분 ✓ 1인분 ✓ 184kcal

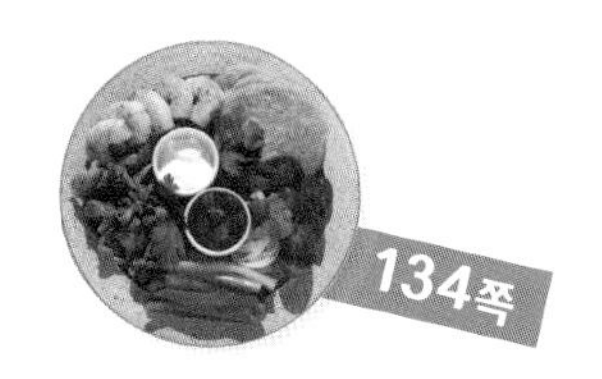

재료 칼로리컷 파히타 1/2인분(만드는 법 134쪽 참고), 샐러드 채소 1/2줌(25g), 곤약쌀 1/4컵(50g), 통조림 옥수수 2큰술(20g), 블렌드 슈레드 치즈 1과 1/2큰술(10g), 살사소스 1큰술, 무가당 플레인 요거트 1작은술

만드는 법

1 **재료 손질** : 샐러드 채소▶한입 크기로 썰기

2 볼에 모든 재료를 담고 마지막에 살사소스와 요거트를 뿌려 비벼 먹기

tip. 통조림 옥수수는 체에 밭쳐 한번 헹구세요. 첨가물과 단맛을 제거할 수 있어요.

에그인헬 1+1 RECIPE 로제파스타

✓ 조리시간 10분 ✓ 1인분 ✓ 220kcal

재료 펜네 1컵(60g, 또는 푸실리), 에그인헬 1/3인분(만드는 법 136쪽 참고, 또는 시판 토마토 스파게티 소스 1/2컵), 무가당 두유 2/5컵(약 80㎖), 파마산 치즈가루 1작은술, 소금 1/4작은술

만드는 법

1 냄비에 물 1컵(200㎖), 펜네, 소금을 넣고 센 불로 끓여 끓어오르기 시작하면 중간 불에서 7분간 삶기

2 냄비의 물이 자작하게 남으면 두유, 에그인헬을 넣고 중약 불에서 3분간 저어가며 끓이기 → 불을 끄고 파마산 치즈가루 뿌리기

Calorie Cut

Low

Recipe

Part 3.
달콤한 충전

칼로리컷 디저트

지치고 힘들 때면 생각나는 달달한 디저트! 일반적인 디저트에는 설탕과 버터, 밀가루가 많이 들어가기 때문에 다이어트 금기식으로 여겨지기도 하지요. 하지만 포기하지 마세요. 칼로리컷 디저트가 여러분의 달콤한 충전을 도와드릴 거예요.

팬케이크

칼로리컷 팬케이크는 밀가루 대신 바나나와 달걀로 만들어 칼로리를 낮췄고, 설탕 없이도 바나나의 단맛으로 충분히 스윗sweet하답니다. 메이플시럽까지 모두 먹어도 밥 한 공기보다 칼로리가 낮은 283kcal! 홍차 한 잔과 함께 가벼운 한끼로 추천해요.

*칼로리컷 디저트 차 Tea 168쪽 참고

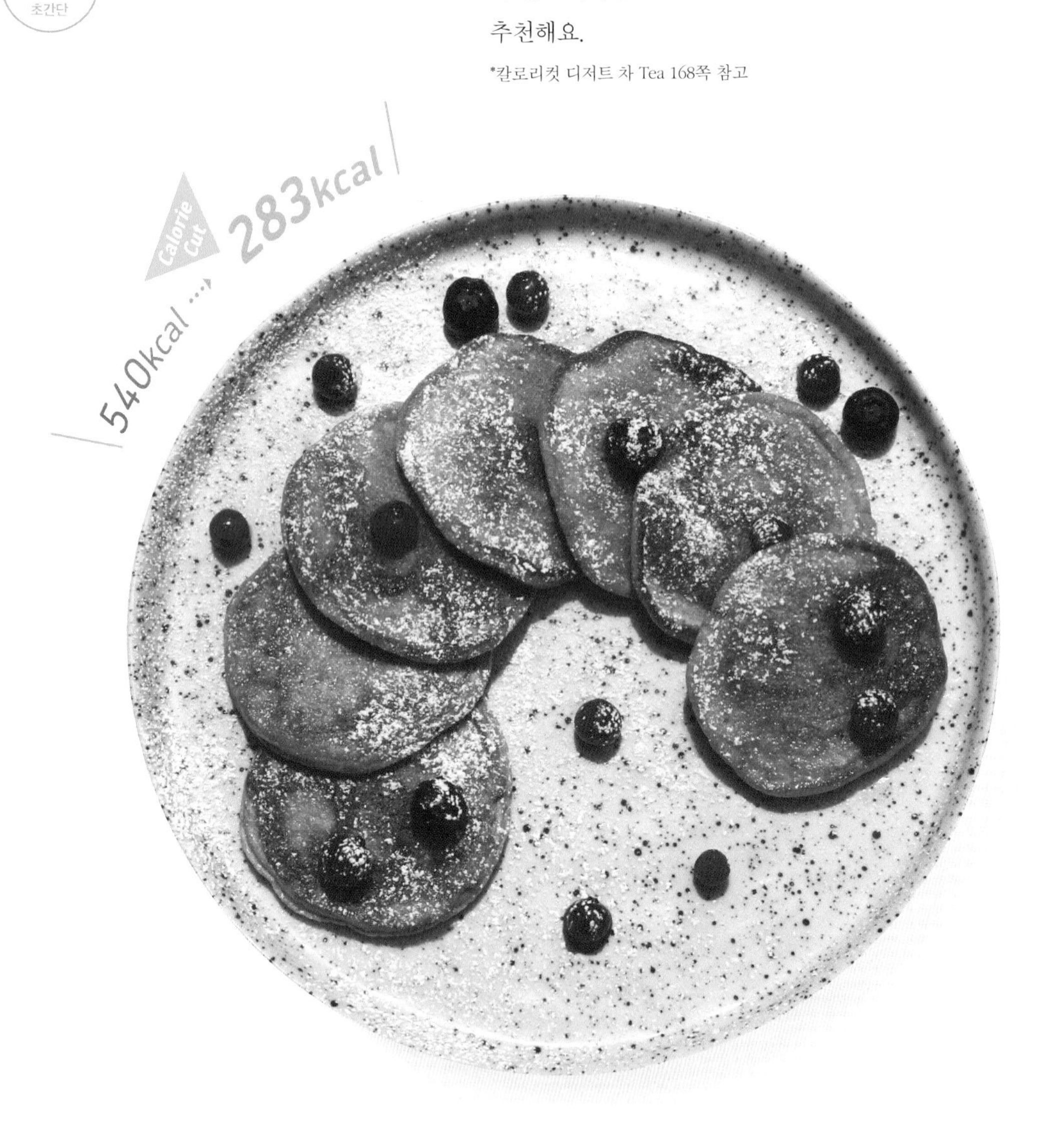

Calorie Cut point

✓ Point 1 밀가루, 설탕 ··· 오트밀가루, 바나나 ▷ ***253kcal*** ↓

조리시간 _ 10분

—

재료 _ 5개분

- ▷ **바나나** 1개(150g)
- ▷ **오트밀가루** 2큰술(16g)
- ▷ **베이킹파우더** 1/2작은술 (2.5g)
- ▷ **달걀** 1개
- ▷ **정제 코코넛오일** 1/2작은술
- ▷ **메이플시럽** 1/2큰술

✱ 메이플시럽

메이플나무의 수액에서 채취하여 만든 천연 시럽이에요. 단맛에 비해 칼로리가 낮고 피로회복, 항암, 노화방지 효과가 있다고 알려져 있어요.

※ 구입처 : 대형 할인마트

✱ 오트밀가루

오트밀은 귀리를 납작하게 눌러 만든 식품으로 식이섬유소가 풍부해요. 오트밀가루는 오트밀을 갈은 가루로, 시판 중인 오트밀가루를 구입하거나 오트밀을 구입해 집에서 곱게 갈아 사용해도 돼요.

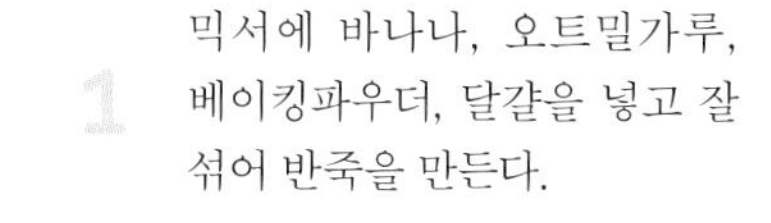

1 믹서에 바나나, 오트밀가루, 베이킹파우더, 달걀을 넣고 잘 섞어 반죽을 만든다.

2 달군 팬에 코코넛오일을 넣고, 반죽의 1/5분량을 올려 동그랗게 편 후 1분 30초간 굽는다.

3 중약 불에서 반죽에 동그란 기포가 생기면 뒤집어 1분 30초간 더 굽는다.

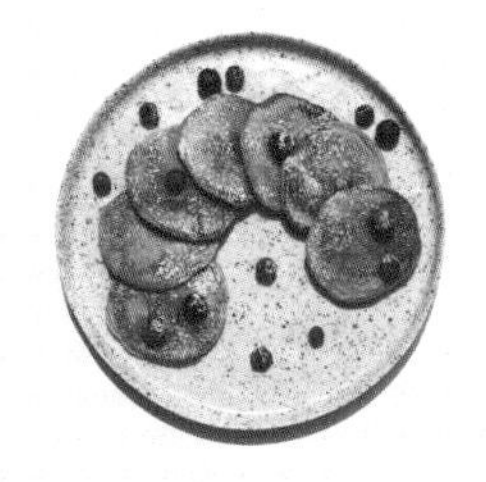

4 그릇에 팬케이크를 올리고 메이플시럽을 뿌린다.

tip. 시럽 대신 좋아하는 과일을 곁들여도 좋아요.

티라미수

달콤한 디저트 티라미수. 에스프레소와 카카오파우더, 마스카포네 치즈의 조합이 입을 행복하게 해주는데요, 칼로리가 높아 체중 조절할 때에는 피해야 하는 음식 중 하나랍니다. 하지만 마스카포네 치즈와 생크림 대신, 그릭요거트와 스테비아로 칼로리를 대폭 낮추고 맛은 살린 칼로리컷 티라미수는 부담 없이 즐겨도 돼요. *칼로리컷 디저트 차 Tea 168쪽 참고

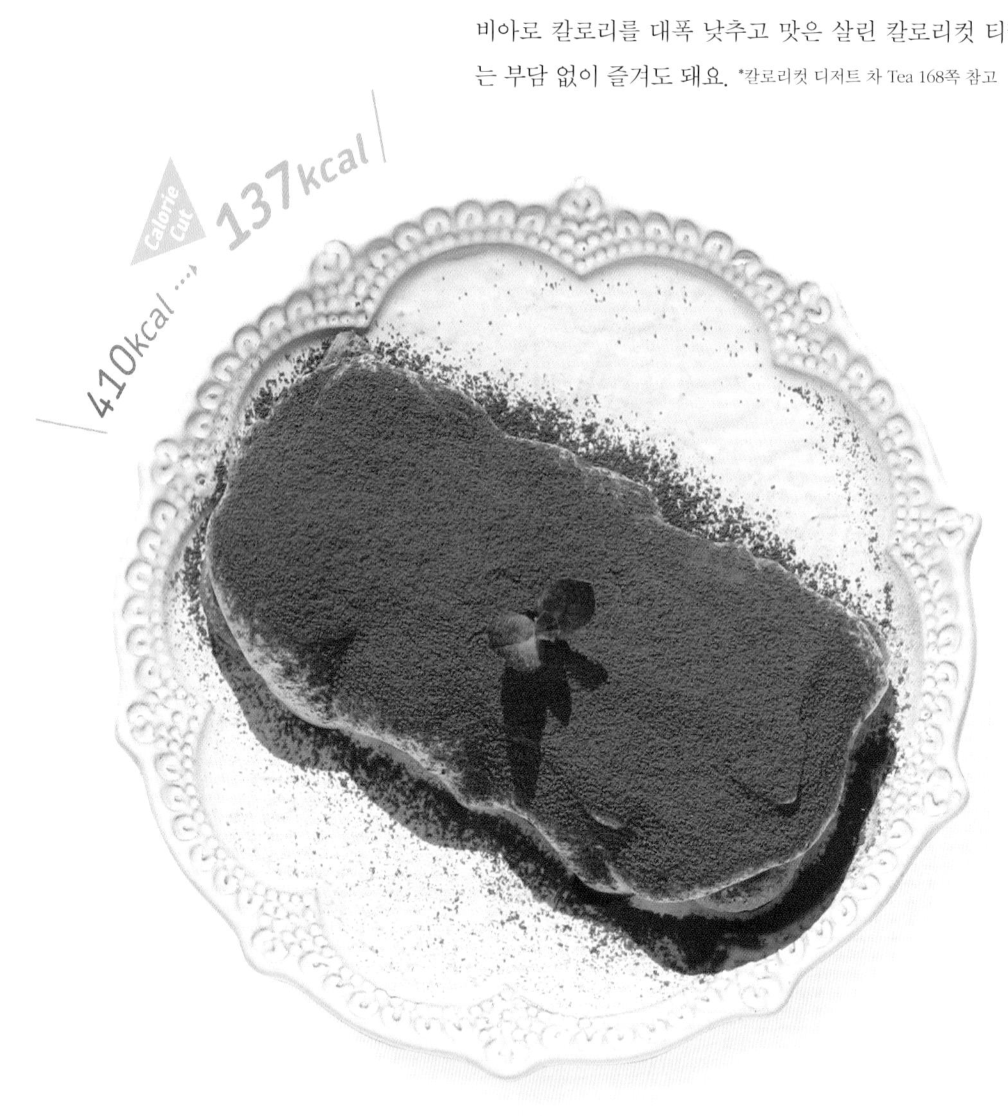

Calorie Cut point

✔ Point 1 마스카포네, 생크림, 크림치즈 ···› 그릭요거트 ▷ ***181kcal*** ⬇

✔ Point 2 설탕 ···› 스테비아 ▷ ***92kcal*** ⬇

조리시간 _ 5분
(+ 차갑게 식히기 1~2시간)

—

재료 _ 1인분

▷ **레이디핑거 쿠키** 2개(8g)
▷ **인스턴트 원두커피** 1봉 (2g, 또는 에스프레소 1/4컵, 50㎖)
▷ **무설탕 플레인 그릭요거트** 75g
▷ **스테비아** 3꼬집(0.15g)
▷ **카카오파우더** 1작은술

✱ 레이디핑거 쿠키

정통 티라미수를 만들 때 사용하는 재료예요. 구하기 어렵다면 시판 카스텔라를 가로로 2~3등분해 사용해도 좋아요.

※ 구입처 : 대형 할인마트 또는 오픈마켓

1 볼에 그릭요거트, 스테비아를 넣어 섞는다. 다른 볼에 인스턴트 원두커피, 끓는 물 1/4컵(50㎖)을 넣어 진한 커피를 만든다.

2 레이디핑거 쿠키를 2등분한 후 ①의 커피에 살짝 담갔다 꺼내 그릇에 올린다.

3 ②에 그릭요거트를 올려 펴 바른다.

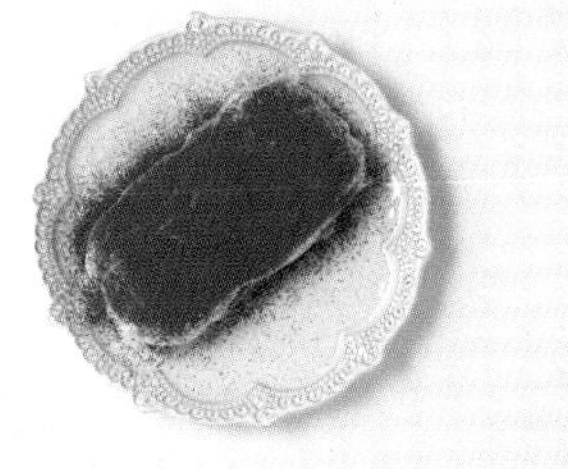

4 카카오파우더를 뿌린 후 냉장고에 넣고 1~2시간 동안 차게 식힌다.

애플파이

밀가루와 버터, 설탕으로 만든 반죽이 아닌 얇은 만두피로도 파이를 만들 수 있답니다. 칼로리컷 애플파이는 만두피로 만들어 부담 없고, 사과 필링을 듬뿍 넣어 달콤한 저칼로리 초간단 디저트에요. 달콤, 담백한 맛과 바삭한 식감에 한 번 먹으면 완전히 반할 거예요.

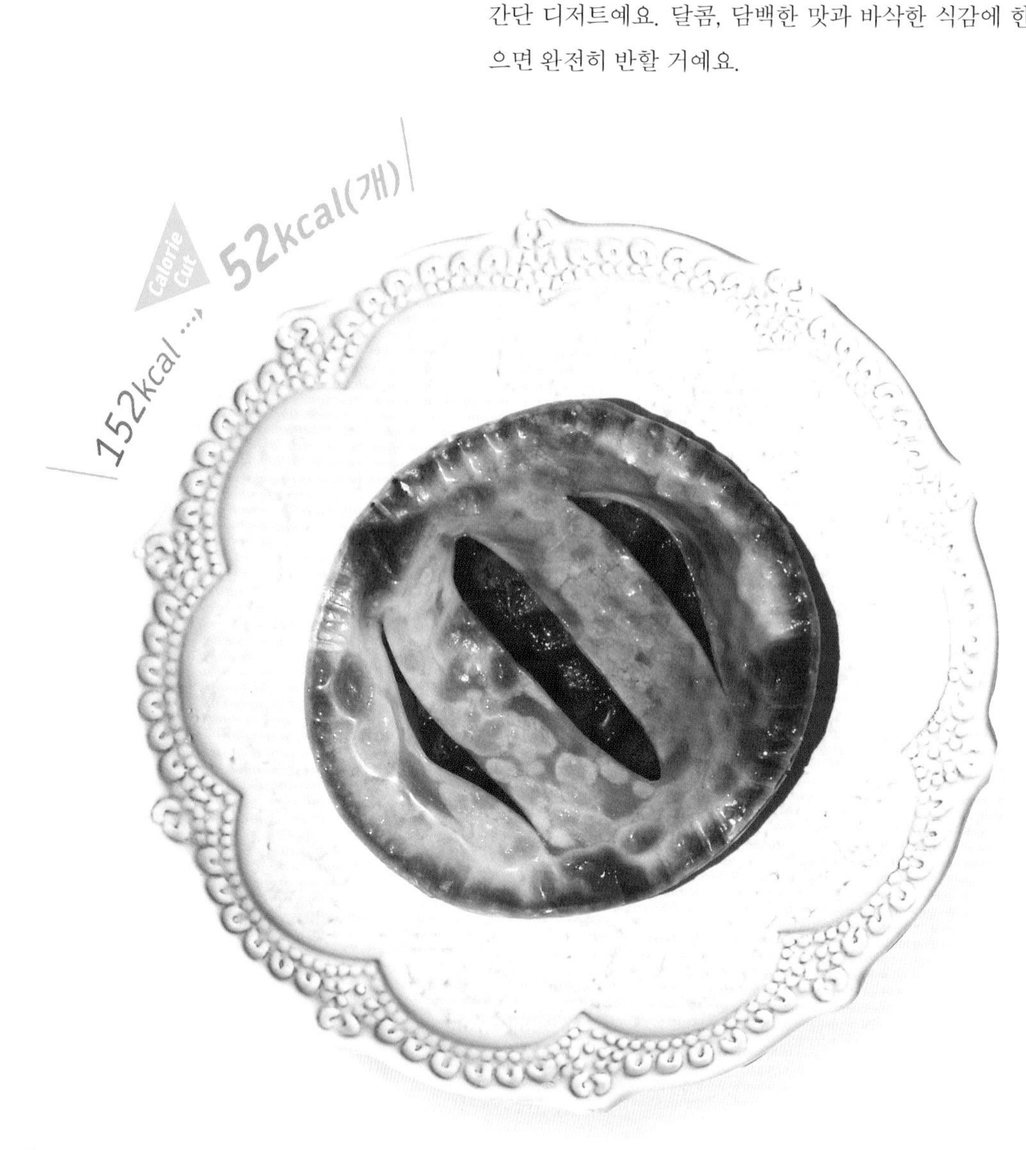

Calorie Cut point (1개분 기준)

- ✓ Point 1 설탕 ··· 스테비아 ▷ ***23kcal*** ⬇
- ✓ Point 2 버터 1큰술 ··· 코코넛오일 1/2작은술 ▷ ***25kcal*** ⬇
- ✓ Point 3 파이 반죽 ··· 만두피 ▷ ***25kcal*** ⬇

조리시간 _ 25분

—

재료 _ 4개분

▷ **시판 만두피** 8장(지름 8cm)
▷ **사과** 1개(200g)
▷ **시나몬가루** 1작은술(2g)
▷ **정제 코코넛오일** 1/2작은술
▷ **물** 3큰술
▷ **스테비아** 2꼬집(0.1g)

1 사과는 사방 1cm 크기로 썬다.

2 달군 팬에 코코넛오일, 사과를 넣고 중간 불에서 2분간 볶는다.

3 물, 시나몬가루, 스테비아를 넣고 중약 불에서 1분 30초간 볶아 필링을 만든다.

4 만두피 4장에 칼집을 3번 넣는다. 나머지 4장에는 필링을 1/4씩 올린다.

5 필링을 올린 만두피 테두리에 물을 바른다. 칼집을 낸 만두피로 덮어 끝부분을 포크로 꾹꾹 눌러 붙인다.

6 오븐 팬에 종이포일을 깔고 ⑤를 올린다. 200℃로 예열된 오븐에 넣어 10분간 굽는다.

tip._ 굽기 전에 만두피 위에 오일이나 두유를 살짝 바르면 더 노릇하게 구울 수 있어요.

브라우니

달콤하고 쫀득한 식감의 브라우니는 많은 양의 버터를 넣어 만들기 때문에 칼로리가 어마어마해요. 칼로리컷 브라우니는 버터 대신 쫀득하고 단맛이 강한 대추야자를 사용해 칼로리를 대폭 낮췄습니다. 초콜릿커버춰 대신 폴리페놀 함량이 많은 카카오파우더를 사용해 더 건강하지요.

Calorie Cut point (1조각 기준)

- ✓ Point 1 버터 ··· 대추야자 ▷ ***32kcal*** ⬇
- ✓ Point 2 초콜릿 ··· 카카오파우더 ▷ ***35kcal*** ⬇
- ✓ Point 3 설탕 ··· 스테비아 ▷ ***35kcal*** ⬇

조리시간 _ 25분

—

재료 _ 4개분

▷ **오트밀가루** 1컵(100g)
▷ **카카오파우더** 5큰술(30g)
▷ **말린 대추야자** 6개
(또는 곶감, 푸룬 등 반건조 과일, 35g)
▷ **무가당 두유** 1과 1/4컵
(또는 저지방우유, 아몬드밀크, 캐슈넛밀크, 250㎖)
▷ **베이킹파우더** 1/2작은술
(2.5g)
▷ **스테비아** 5꼬집(0.25g)
▷ **소금** 1/4작은술

✱ 말린 대추야자
야자수 열매의 일종으로, 우리나라의 대추와 모양이 비슷하여 '대추야자'라 불려요. 세계에서 가장 단 과일이라 불릴 정도로 당도가 뛰어나며 곶감처럼 말리면 쫄깃한 식감을 주지요. 식이섬유도 풍부해 변비 해소에 도움을 줘요.
※ 구입처 : 오픈마켓

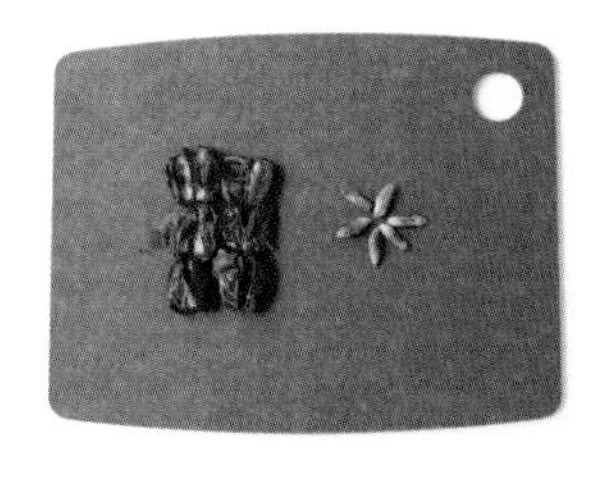

1 대추야자는 2등분해 씨를 제거한다.

2 가루류(오트밀가루, 카카오파우더, 베이킹파우더, 스테비아, 소금)는 고운 체에 친다.

3 믹서에 두유, 대추야자를 넣고 곱게 간다.

4 ②에 ③을 넣고 섞는다.

5 오븐 전용 용기에 반죽을 2/3까지 붓는다.

6 180℃로 예열된 오븐에서 15분간 굽는다.
tip. 오븐 사양에 따라 굽는 시간을 조절하세요.

스콘

스콘은 영국의 디저트로 밀가루와 버터로 만든 반죽을 오븐에 구운 단단한 빵입니다. 칼로리컷 스콘은 버터를 반으로 줄이고 밀가루 대신 통밀가루와 곤약가루로 만들었어요. 너무 기름지지 않고 담백하답니다. 홍차를 곁들이면 찰떡궁합이에요!

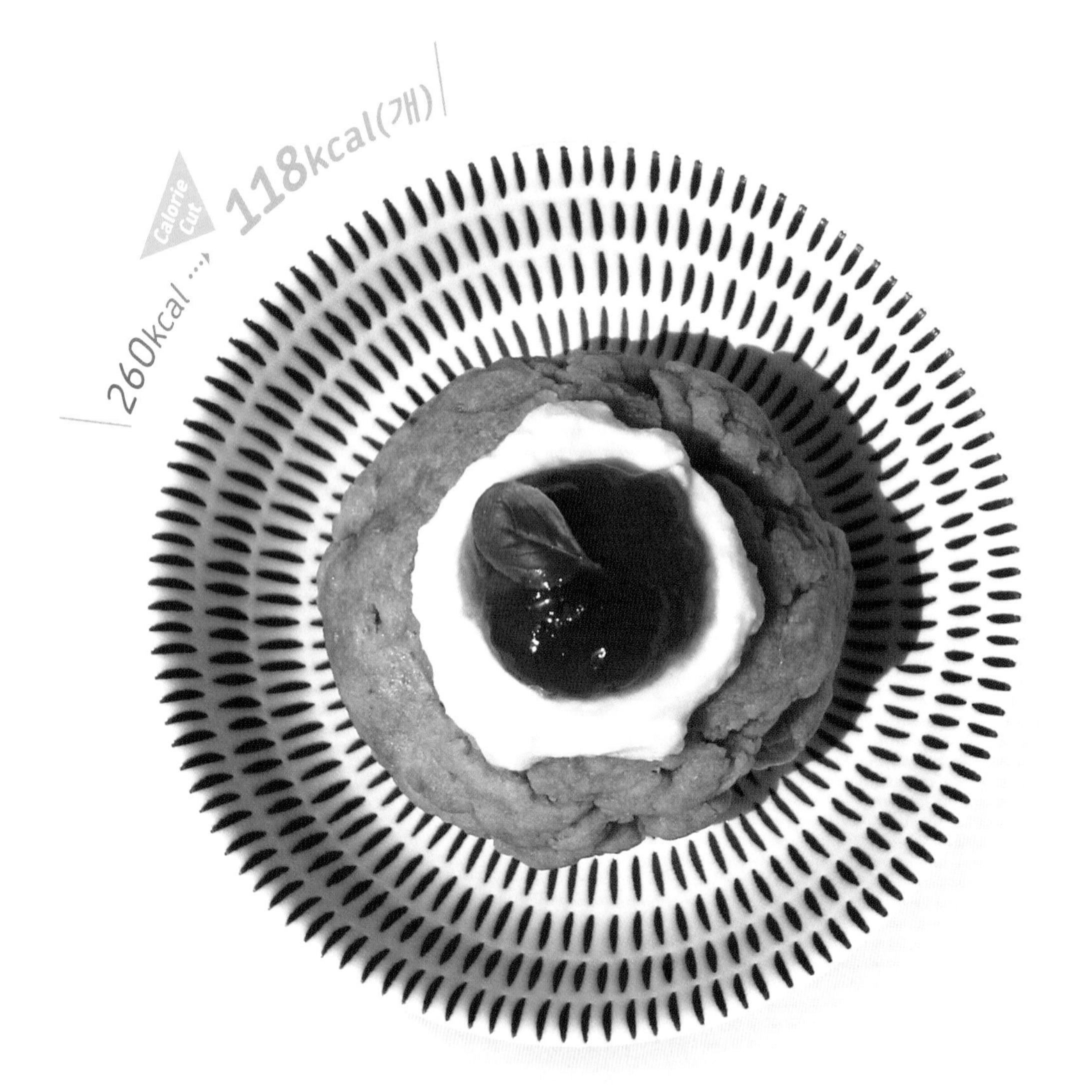

Calorie Cut point (1조각 기준)

✓ Point 1 밀가루 양 줄이기 + 곤약가루 ▷ **21kcal ↓**

✓ Point 2 버터 양 줄이기 ▷ **52kcal ↓**

조리시간 _ 45분
(+ 버터밀크 숙성하기 10분)

—

재료 _ 6개분
▷ **통밀가루** 1컵
(또는 오트밀가루, 100g)
▷ **곤약가루** 2/5컵(40g)
▷ **베이킹파우더** 1/2작은술
(2.5g)
▷ **베이킹소다** 1/4작은술(1g)
▷ **소금** 1/4작은술
▷ **스테비아** 5꼬집(0.25g)
▷ **기버터** 35g(또는 일반 버터)

버터밀크
▷ **두유** 3/4컵(150㎖)
▷ **양조식초** 30㎖

✱ 곤약가루
식이섬유가 풍부한 구약나물의 줄기로 만든 가루예요.
※ 구입처 : 오픈마켓

✱ 기버터
버터를 끓여 거품과 찌꺼기를 제거한 맑은, 정제버터의 일종입니다. 순수 지방 성분으로 일반 버터에 비해 건강해요.
※ 구입처 : 오픈마켓

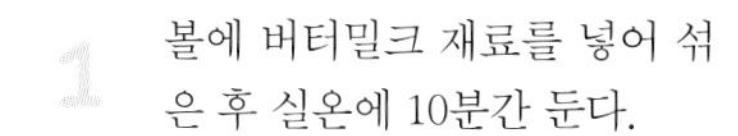

1 볼에 버터밀크 재료를 넣어 섞은 후 실온에 10분간 둔다.

2 가루류(통밀가루, 곤약가루, 베이킹파우더, 베이킹소다, 소금, 스테비아)는 체 친다.

3 ②에 기버터를 넣고 주걱으로 누르듯 섞어가며 섞는다.

4 ①의 버터밀크를 넣어 한 덩어리로 뭉쳐질 때까지 반죽한다.

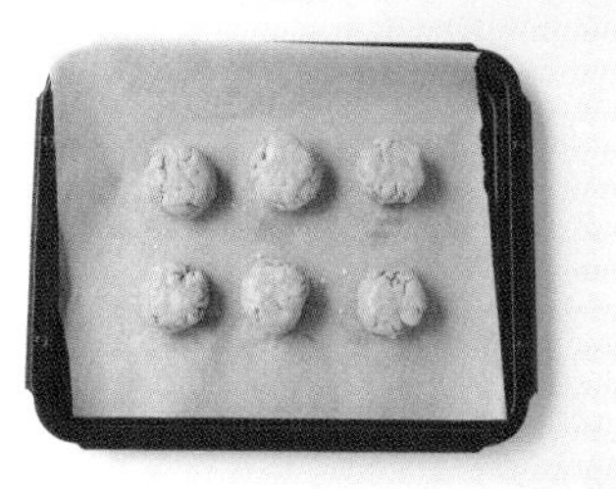

5 반죽을 6등분해 원하는 모양으로 만든다. 오븐 팬에 종이 포일을 깔고 반죽을 올린다.

6 180℃로 예열된 오븐에 넣어 30분간 굽는다.

tip._ 오븐에 굽기 전에 스콘 반죽 위에 오일이나 두유를 살짝 바르면 더 노릇하게 구울 수 있어요.

블루베리잼

설탕 대신 스테비아로 단맛을 내고, 치아씨드를 넣어 진득하게 만든 무설탕 잼이에요. 일반 잼과의 차이를 못 느낄 정도로 달콤하고 맛있답니다. 요거트에 토핑으로 올려도 좋고, 바삭하게 구운 곡물식빵에 발라 먹어도 맛있어요. 블루베리 대신 딸기, 망고, 무화과 등 좋아하는 과일로 응용해도 좋아요.

Calorie Cut point

✓ Point 1 설탕 ···› 스테비아 + 치아씨드 ▷ **38kcal ↓**

조리시간 _ 10분

—

재료 _ 5~6회분(120g)

▹ **냉동 블루베리** 1과 1/4컵
 (또는 다른 냉동 과일류, 100g)

▹ **치아씨드** 1큰술
 (또는 바질씨드, 8g)

▹ **레몬즙** 1/2큰술
 (또는 라임즙)

▹ **스테비아** 5꼬집(0.25g)

1 냄비에 블루베리, 레몬즙을 넣고 중약 불에서 블루베리의 과일즙이 나올 때까지 2~3분간 끓인다.

2 치아씨드, 스테비아를 넣고 핸드 블랜더로 곱게 간다.

tip._ 다른 과일로 잼을 만들 때에는 과일의 단맛에 따라 스테비아 양을 조절하세요.

✱ 유리병 소독하기

잼을 넣을 유리병은 깨끗하게 세척한 후 끓는 물에 넣어 5~10분간 소독해요. 매우 뜨거우니 집게로 병을 건져낸 후 물기를 닦고 물기가 완전히 마를 때까지 뒤집어 두세요. 유리병을 열탕 소독한 후 잼을 담으면 더 오래 보관할 수 있답니다.

3 잼이 1/2로 졸아들면 불을 끄고 유리병에 담아 한김 식힌 후 냉장고에 넣어 보관한다.

Calorie Cut cooking

무설탕 플레인 그릭요거트에 칼로리컷 블루베리잼과 그레놀라, 햄프씨드, 카카로닙스, 과일 등을 올려 요거트볼을 만들어 건강한 한 끼 식사로 즐겨도 좋다.

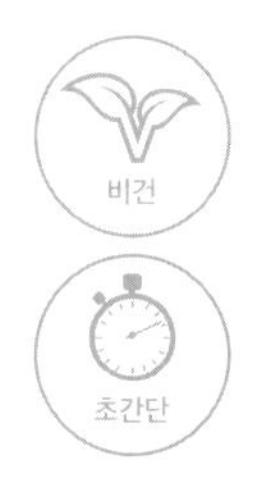

오레오 바나나 아이스크림

달콤한 오레오 아이스크림을 만드는데 필요한 재료는 딱 두 가지, 얼린 바나나와 오레오! 믹서에 얼린 바나나를 넣고 곱게 갈면 마치 아이스크림처럼 달콤하고 시원한 여름 디저트가 완성돼요.

Calorie Cut point

✔ Point 1 바닐라 아이스크림 ···› 얼린 바나나 ▷ ***140kcal*** ⬇

조리시간 _ 3분

—

재료 _ 1인분

▷ **얼린 바나나** 1개(150g)

▷ **오레오** 1개

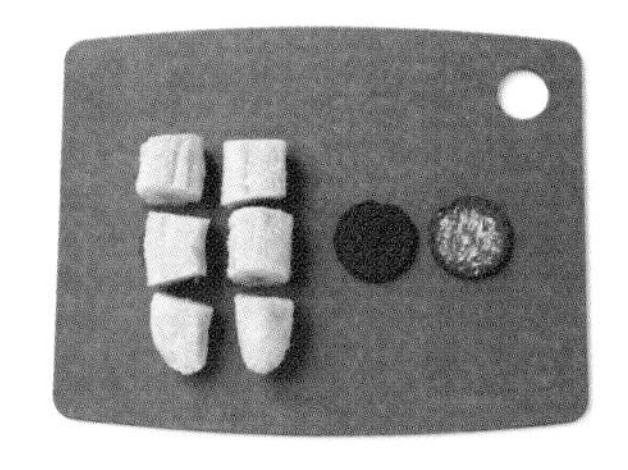

1

얼린 바나나는 6등분하고 오레오는 비틀어 2개로 분리한 후 크림을 제거한다.

tip. 바나나를 얼릴 때는 껍질을 미리 제거하고 얼려야 해요. 껍질째 얼리면 껍질을 제거하기가 어렵답니다.

2

믹서에 바나나를 넣고 곱게 간다.

tip. 바닐라 에센스를 한두 방울 넣으면 더 맛있어요.

3

②에 오레오를 2등분해 넣고 2~3초간 살짝 간다. 냉동고에 넣어 30분간 얼린 후 먹기 전에 꺼내 먹는다.

tip. 조금 더 달콤한 아이스크림을 원한다면, 스테비아를 약간 넣어도 좋아요.

Calorie Cut cooking

다른 재료를 활용해 다른 맛의 아이스크림을 만들 수 있다.

- 칼로리컷 딸기아이스림 - 얼린 바나나 + 딸기
- 칼로리컷 키위아이스림 - 얼린 바나나 + 키위+ 스테비아 아주 약간
- 칼로리컷 망고아이스크림 - 얼린 망고 + 스테비아 아주 약간

노오븐 당근케이크

당근케이크는 당근이 들어가서 왠지 건강식 같지만 생각보다 지방 함량이 많고 칼로리가 높아요. 하지만 식재료를 조금만 바꾸면 건강 간식으로 정말 좋은 디저트랍니다. 전자레인지로 빠르게 만들 수 있으니 다이어트 중 디저트가 너무 먹고 싶은 날 꼭 만들어보세요.

Calorie Cut point

✔ Point 1 버터 1큰술 ···› 코코넛오일 1/2작은술 ▷ ***99kcal*** ⬇

✔ Point 3 크림 프로스팅 ···› 두유 크림치즈 + 스테비아 ▷ ***151kcal*** ⬇

조리시간 _ 15분

—

재료 _ 1인분

▷ **당근** 1/6개(30g)
▷ **무가당 두유** 5큰술
(또는 저지방우유, 75㎖)
▷ **오트밀가루** 5큰술
(또는 통밀가루, 40g)
▷ **시나몬가루** 1작은술(2g)
▷ **스테비아** 4꼬집(0.2g) + 2꼬집(0.1g)
▷ **베이킹파우더** 1/2작은술 (2.5g)
▷ **베이킹소다** 1/4작은술(1g)
▷ **소금** 약간
▷ **정제 코코넛오일** 1/2작은술
▷ **두부 크림치즈** 3큰술
※ 만드는 법 26쪽 참고

1 당근은 잘게 다진다.

2 가루류(오트밀가루, 시나몬가루, 스테비아 4꼬집, 베이킹파우더, 베이킹소다, 소금)는 체 친다.

3 ②에 당근, 코코넛오일, 두유를 넣어 섞는다.

4 지름 7cm인 내열 용기에 ③을 담아 전자레인지(700W)에 넣고 3분간 익힌다.

5 볼에 두부 크림치즈, 스테비아 2꼬집을 넣고 섞는다.

6 ④의 당근케이크 시트를 가로로 2등분한 후 하나의 시트 위에 ⑤의 1/2분량자간 조정. 두칸 띄어쓰기 한 너낌 바른다. 그 위에 나머지 시트를 올리고 다시 그 위에 남은 ⑤를 올려 펴 바른다.

노오븐 치즈케이크

한 조각에 약 500kcal 정도로 고칼로리 디저트인 치즈케이크이 너무 너무 먹고 싶을 때가 있잖아요! 그럴 땐, 칼로리를 반으로 줄여 부담없는 칼로리컷 치즈케이크을 만들어보세요. 크림치즈 대신 그릭요거트와 파마산 치즈가루로 만들어 치즈의 풍미와 맛은 살리고 칼로리는 대폭 낮췄어요.

Calorie Cut point

✔ Point 1 크림치즈 ···› 그릭요거트 + 파마산 치즈가루 ▷ ***148kcal*** ⬇

✔ Point 2 설탕 ···› 스테비아 ▷ ***185kcal*** ⬇

조리시간 _ 30분
(+ 차게 식히기 2시간 이상)

—

재료 _ 1인분

▷ **무설탕 플레인 그릭요거트** 3과 1/3큰술(50g)
▷ **통밀가루** 1큰술 (또는 오트밀가루, 8g)
▷ **파마산 치즈가루** 1큰술(6g)
▷ **달걀** 1개
▷ **코코넛설탕** 1작은술 (또는 설탕, 3g)
▷ **스테비아** 5꼬집(0.25g)

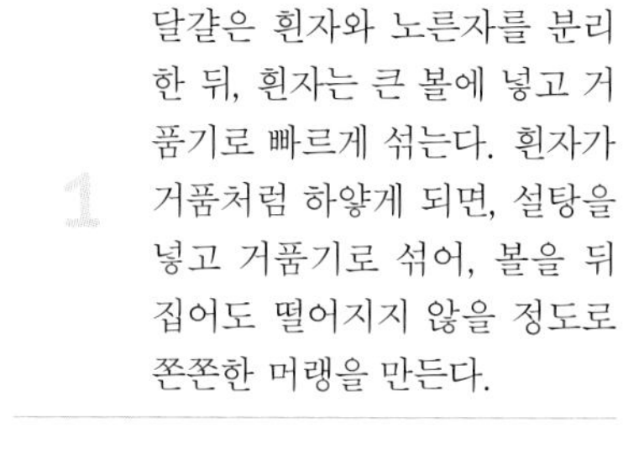

1 달걀은 흰자와 노른자를 분리한 뒤, 흰자는 큰 볼에 넣고 거품기로 빠르게 섞는다. 흰자가 거품처럼 하얗게 되면, 설탕을 넣고 거품기로 섞어, 볼을 뒤집어도 떨어지지 않을 정도로 쫀쫀한 머랭을 만든다.

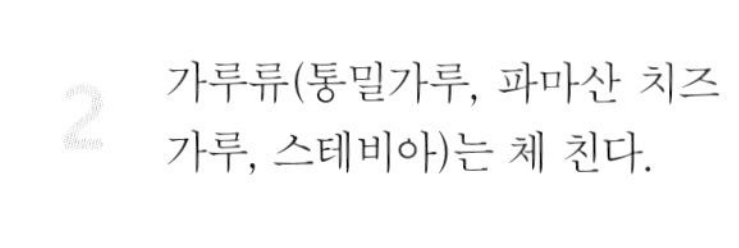

2 가루류(통밀가루, 파마산 치즈가루, 스테비아)는 체 친다.

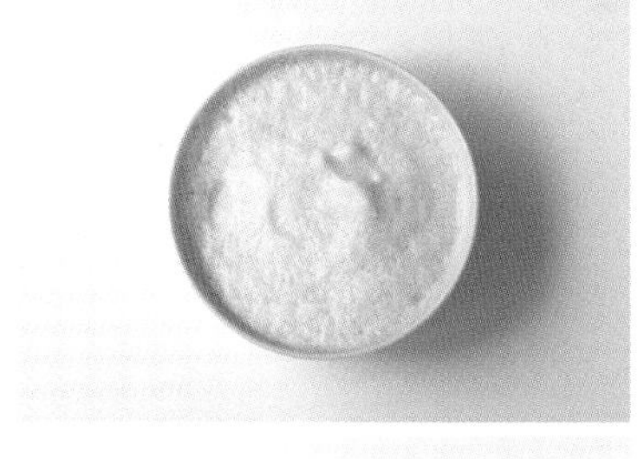

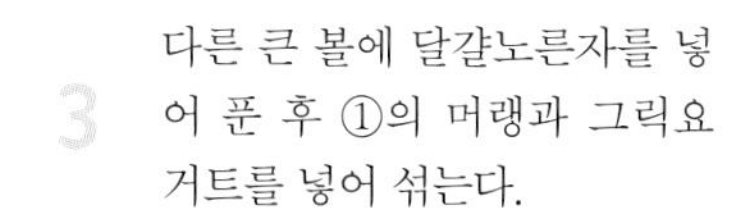

3 다른 큰 볼에 달걀노른자를 넣어 푼 후 ①의 머랭과 그릭요거트를 넣어 섞는다.

4 ②에 ③을 넣어 잘 섞는다. 내열 용기에 담고 중탕으로 20분간 익힌다. 한김 식혀 냉장고에 넣고 2시간 이상 차갑게 식힌다.

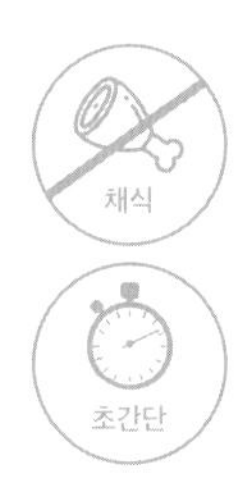

바나나푸딩

뉴욕 여행 때 맛있게 먹었던 바나나푸딩을 잊지 못해 칼로리 컷 레시피로 만들었어요. 제가 먹고 싶어서 만든, 사심 가득 레시피지요. 생크림 대신 그릭요거트를 사용해 칼로리는 대폭 낮추면서도 오리지널의 맛은 최대한 살렸답니다.

Calorie Cut point

- ✓ Point 1 생크림 ···› 그릭요거트 ▷ ***234kcal*** ⬇
- ✓ Point 2 설탕 ···› 스테비아 2꼬집 ▷ ***92kcal*** ⬇

조리시간 _ 5분

—

재료 _ 1인분

- ▹ **바나나** 1개(150g)
- ▹ **무설탕 플레인 그릭요거트** 8큰술(120g)
- ▹ **달걀과자** 7개(7g)
- ▹ **스테비아** 2꼬집(0.05g)
- ▹ **코코넛설탕** 1/2작은술 (또는 설탕, 2g)

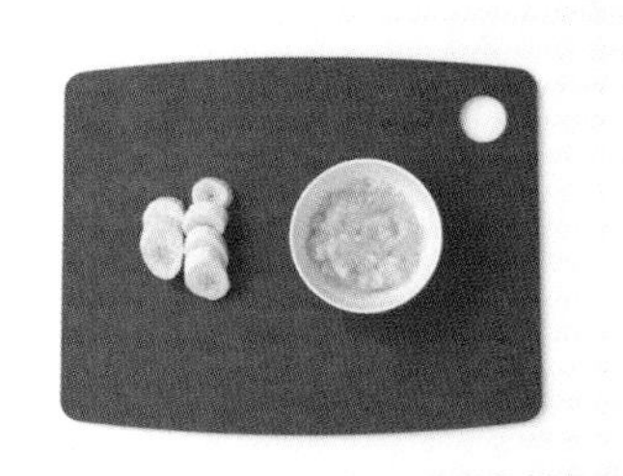

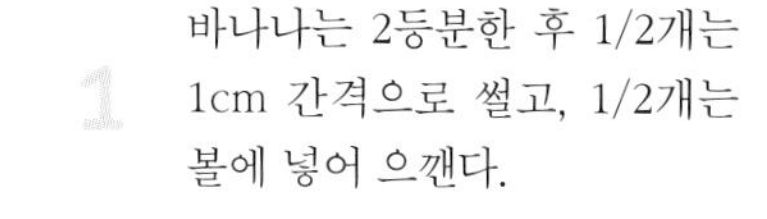

1 바나나는 2등분한 후 1/2개는 1cm 간격으로 썰고, 1/2개는 볼에 넣어 으깬다.

2 큰 볼에 으깬 바나나, 그릭요거트, 스테비아, 설탕을 넣고 섞는다.

tip. 설탕은 시간이 지날수록 바나나가 까맣게 변하는 '갈변 현상'을 막기 위해 넣었답니다. 칼로리를 더 낮추고 싶다면 생략해도 좋아요.

3 그릇에 ② → 달걀과자, 바나나 순으로 올린다.

4 냉장고에 넣어 1~2시간 동안 차게 식힌다.

칼로리컷
디저트 차 TEA

다이어트 중 나를 위한 쉼표로 티타임 어떠세요? 달콤한 칼로리컷 디저트에 차를 곁들인 티타임이라면 스트레스도 풀 수 있고 식욕도 조금 줄어들 거예요. 디저트에 곁들이기도 좋고, 다이어트할 때 수시로 마시면 좋은 홍차, 녹차, 허브차를 소개할게요.

Black tea 홍차

세계에서 가장 많은 사람이 즐겨 마시는 차로, 정말 다양한 종류가 있어요. 좋은 홍차는 그 자체로도 훌륭하지만 달콤한 디저트와 곁들이면 또 다른 매력을 느낄 수 있답니다. 대표적인 예가 영국에서 스콘에 홍차를 곁들여 먹는 것인데, 디저트의 달콤함과 홍차의 향과 쌉쌀한 맛이 더해져 더욱 풍성한 맛을 즐길 수 있지요.

홍차와 어울리는 칼로리컷 디저트

팬케이크(148쪽), 티라미수(150쪽), 브라우니(154쪽), 스콘(156쪽), 치즈케이크(164쪽), 바나나푸딩(166쪽)

홍차 · 녹차 맛있게 우리는 3 · 3 · 3 법칙

홍차와 녹차를 가장 맛있게 끓이는 방법을 알려드릴게요. 외우기 쉬운 333법칙입니다.

홍차 3g + 끓는 물 1과 1/2컵(300㎖) + 3분 우리기

홍차는 물의 온도를 물이 팔팔 끓기 직전, 보글보글 끓는 정도인 95℃로, 녹차는 홍차보다 조금 낮은, 75℃로 우리는 것이 적당하답니다. 그리고 차를 3분간 우린 후에는 잎을 꼭 건져내세요. 그래야 쓴맛과 떫은맛이 나지 않아요.

Green tea 녹차

녹차랑 홍차가 모두 같은 '카멜리아 시넨시스'라고 불리는 나무의 잎인 것 아시나요? 같은 나뭇잎을 사용하지만 제다(차 나무에서 딴 잎을 이용하여 음료로 만듦) 방법에 따라 녹차가 되고 홍차가 된답니다. 녹차는 폴리페놀 함량이 홍차 보다 많아 항산화 효과가 뛰어나요. 다이어트하면서 수시로 마시는 것을 추천합니다. 하지만 녹차, 홍차, 보이차 등 차나무 잎으로 만든 차는 카페인이 들어있어요. 카페인에 민감하신 분은 너무 많이 마시지 않도록 주의하세요.

녹차와 어울리는 칼로리컷 디저트

애플파이(152쪽), 당근케이크(162쪽), 치즈케이크(164쪽), 바나나푸딩(166쪽)

▷ 맛있는 칼로리컷 밀크티 만들기

홍차는 밀크티 베이스로도 자주 사용되는데, 가루 홍차를 사용하면 맛이 진하게 우러나 더 맛있어요.

✓ 1인분 ✓ 61 kcal

재료 CTC 홍차 5g(또는 홍차 가루 티백 2개), 뜨거운 물 1/4컵(50㎖), 무가당 아몬드밀크 1과 1/4컵(250㎖, 또는 오트밀크, 무가당 두유), 스테비아 1/2꼬집(또는 코코넛설탕 4g, 설탕 1작은술, 기호에 따라 가감)

만드는 법

1 95℃의 뜨거운 물(보글보글 끓는 정도)에 홍차를 넣어 3분간 진하게 우린다.

2 아몬드밀크는 따뜻하게 데운다.

3 진하게 우린 홍차에 아몬드밀크를 붓고 2~3분간 더 우린다.

4 홍차 잎을 꺼내고 기호에 따라 스테비아를 넣는다.

▷ 맛있는 칼로리컷 모로칸 민트티 만들기

모로코에서 즐겨 마시는 차를 소개해드릴게요. 진하게 우린 녹차에 설탕, 민트 잎을 넣어 만든답니다.

✓ 1인분 ✓ 5 kcal

재료 녹차 3g, 민트 잎 3장(또는 애플 민트 잎), 물 1과 1/2컵(300㎖), 스테비아 1/2꼬집(또는 코코넛설탕 4g, 설탕 1작은술, 기호에 따라 가감)

만드는 법

1 75℃의 따뜻한 물에 녹차를 넣고 3분간 진하게 우린다.

2 잎을 건져내고 민트 잎, 스테비아를 넣는다.

Herbal teas 다이어트에 좋은 허브차

허브는 예로부터 약이나 향료로 써 온 식물로, 각각 특유의 효능이 있답니다. 영양제의 주원료로도 많이 사용되고 있지요. 그래서 단순히 향이나 맛뿐만 아니라 효능을 알고 마시면 더 좋아요. 또한 앞서 소개한 홍차, 녹차와는 다르게 대부분의 허브차는 카페인이 없으니 물 대신 수시로 마셔도 됩니다.
다이어트에 도움이 되고, 향도 좋은 허브를 추천해드릴게요.

히비스커스 Hibiscus

▷ 효과 - 피로 회복, 다이어트

클레오파트라가 아름다움을 유지하기 위해 즐겨 마신 차라고 전해지는 히비스커스는 붉은색의 새콤한 맛이 매력적이죠. 이 새콤한 맛은 바로 '구연산' 성분으로 구연산은 피로 회복에 도움을 준답니다. 또한 히비스커스에는 HCA라는 성분이 있어 탄수화물이 지방으로 합성되는 것을 억제하고, 칼륨이 풍부해 몸속 나트륨을 배출시키므로 다이어트에 도움을 주지요.

펜넬 Fennel

▷ 효과 - 식욕 억제, 디톡스, 변비 해소

산미나리 씨앗으로도 불리며 특유의 톡 쏘는 향을 가지고 있어요. 이 톡 쏘는 향이 식욕을 억제하는 데 도움을 준답니다. 또한 펜넬은 체내의 불필요한 수분과 독소 배출에도 효과적이며 식이섬유도 풍부해 변비를 해소하고, 장의 가스도 제거해줘요.

마테차 Mate

▷ 효과 - 식욕 억제, 체지방 분해

다이어트에 관심 있다면 마테차는 한 번쯤 마셔봤을 거예요. 체지방 분해를 촉진해 지방 감소 효과가 있다고 알려진 '클로로겐산' 성분이 함유되어 있고 식욕 억제 효과가 있어 식전에 마시면 포만감을 빨리 느끼게 주지요. 또 마테차는 '마시는 샐러드'라는 별명처럼 철분, 칼슘, 아연, 마그네슘 등 채소에 많은 여러 무기질이 들어있어요. 하지만 마테에는 카페인 성분이 있으니 참고하세요.

우엉차 burdock

▷ 효과 - 변비 해소, 부기 제거

차를 마시면서 식이섬유까지 섭취할 수 있는 우엉차! 이눌린이라는 수용성 식이섬유가 들어 있어서 차만 마셔도 어느 정도의 포만감을 느낄 수 있답니다. 또 이눌린은 유산균의 좋은 먹이가 되어 장 건강에 도움을 줘요.

카모마일 Chamomile

▷ 효과 - 변비 해소, 장 건강

달콤한 향을 가지고 있는 카모마일은 스트레스 완화, 심신 안정에 도움을 줘 특히 수면이 부족한 분들에게 추천하는 허브예요. 다이어트할 때 가장 중요한 것이 숙면인데요, 스트레스를 받거나 잠이 부족하면 코르티졸 호르몬이 분비되어 식욕을 증가시키기 때문입니다. 잠들기 전 카모마일 한 잔은 다이어트 효과를 높여줄 거예요.

Part 4.
이것저것 다 귀찮을 땐

100 칼로리컷 3분 요리

야식이 간절하거나 급하게 찐 살을 빼고 싶을 때 추천하는 칼로리컷 메뉴들을 모았어요. 라면보다 간단하고 밥 반 공기보다 칼로리가 낮아서 꼼짝하기 싫은 날이나 과식한 다음 날의 한 끼로도 추천해요.

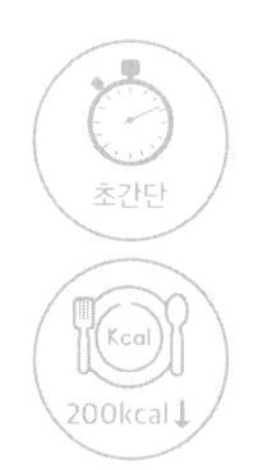

쌀국수

뜨거운 물에 시판 쌀국수 소스를 넣어 라면보다 더 쉽게 만들 수 있는 초간단 요리입니다.

조리시간 _ 10분

—

재료 _ 1인분

▷ **곤약면** 1봉지(200g)

▷ **쌀국수 소스** 3과 1/2큰술(40g)

▷ **끓는 물** 2컵(400㎖) + 1과 1/4컵(250㎖)

1 곤약면을 체에 밭쳐 끓는 물 2컵(400㎖)을 부어가며 데친 후 그릇에 담는다.

2 끓는 물 1과 1/4컵(250㎖), 쌀국수 소스를 넣는다.

tip. 기호에 따라 숙주 1/2줌, 소고기, 청양고추, 고수 등을 올려 먹어도 좋아요. 소고기는 지방 함량이 적은 앞다릿살을 추천해요.

냉모밀

쯔유에 무, 고추냉이, 김가루를 올려 바로 먹는 레시피입니다. 식이섬유 풍부한 저칼로리 식품인 곤약면을 활용하면 면 요리도 가볍고 간편하게 즐길 수 있어요.

조리시간 _ 3분

—

재료 _ 1인분

- **곤약면** 1봉지(200g)
- **무** 사방 4cm(15g)
- **쯔유** 2와 1/2큰술(또는 국시장국)
- **스테비아** 1/2꼬집
- **고추냉이** 약간
- **김가루** 약간
- **끓는 물** 2컵(400㎖) + 차가운 물 1과 1/4컵(250㎖)

1. 믹서에 무, 스테비아를 넣어 곱게 간다.
2. 곤약면을 체에 밭쳐 끓는 물 2컵(400㎖)을 부어가며 데친 후 그릇에 담는다.
3. 차가운 물 1과 1/4컵, 쯔유를 넣은 후 고추냉이, 김가루, ①을 올린다.

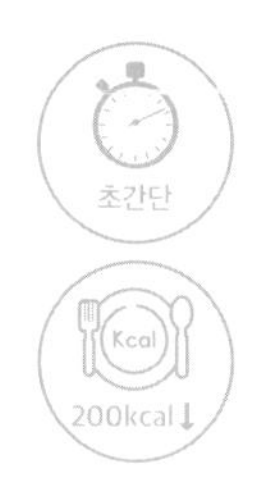

우동

야식이 간절할 때 빠르게 만들어 배고픔과 식욕을 잠재울 수 있는 메뉴예요. 곤약의 섬유소가 포만감을 준답니다.

조리시간 _ 3분

—

재료 _ 1인분

- ▷ **곤약면** 1봉(200g)
- ▷ **튀김 고명** 약간(또는 대파 송송 썬 것, 김가루)
- ▷ **쯔유** 2와 1/2큰술(또는 국시장국)
- ▷ **끓는 물** 2컵(400㎖) + 1과 1/4컵(250㎖)

1 곤약면을 체에 밭쳐 끓는 물 2컵(400㎖)을 부어가며 데친 후 그릇에 담는다.

2 끓는 물 1과 1/4컵(250㎖), 쯔유, 튀김 고명을 올린다.

tip. 쑥갓, 어묵을 더하면 맛은 물론 영양소의 균형도 맞출 수 있어요.

비빔면

초고추장을 활용한 초간단 레시피입니다. 불 조리 없이 빠르게 만들 수 있어 여름 다이어트 메뉴로 좋아요.

조리시간 _ 3분

—

재료 _ 1인분

▹ **곤약면** 1봉지(200g)
▹ **초고추장** 1과 1/2큰술
▹ **참기름** 1/2작은술
▹ **깨소금** 1작은술

1 곤약면을 체에 밭쳐 흐르는 물에 헹군 후 물기를 제거해 그릇에 담는다.

2 초고추장, 참기름, 깨소금을 넣고 비벼먹는다.

tip. 오이, 깻잎 등의 채소를 곁들여도 좋아요.

콩국수

시판 콩 국물과 곤약면을 사용해 빠르게 만들 수 있는 저칼로리 한그릇 요리입니다. 여름 별미로도 좋고, 콩 국물에는 단백질이 풍부해 운동 후 가볍게 즐겨도 좋아요.

조리시간 _ 3분

재료 _ 1인분
- ▹ **시판 콩 국물** 1컵(200㎖)
- ▹ **곤약면** 1봉지(200g)
- ▹ **소금** 약간
- ▹ **깨소금** 약간

1 곤약면을 체에 밭쳐 흐르는 물에 헹군 후 물기를 제거해 그릇에 담는다.

2 콩 국물을 붓고 기호에 따라 소금, 깨소금을 뿌린다.

tip. 오이, 방울토마토, 삶은 계란을 곁들여도 좋아요.
시판 콩 국물 대신 믹서에 두부, 두유를 넣고 곱게 갈아 콩 국물을 만들어 넣어도 돼요.

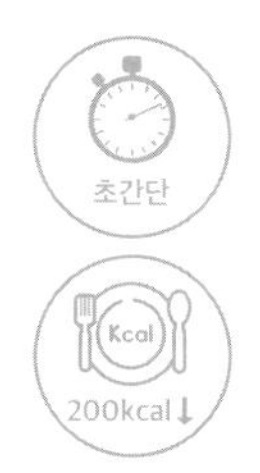

미역라면

시판 건조 미역국에 곤약면만 추가하면 완성되는 초간편 다이어트 음식입니다. 건조 미역국 외에도 최근에 다양한 간편국이 많이 출시되었으니 활용해보세요.

조리시간 _ 3분

재료 _ 1인분

- **시판 건조 미역국** 1조각(9g)
- **곤약면** 1봉지(200g)
- **끓는 물** 2컵(400㎖) + 1과 1/4컵(250㎖)

1. 곤약면을 체에 밭쳐 끓는 물 2컵(400㎖)을 부어가며 데친 후 그릇에 담는다.
2. 건조 미역국, 뜨거운 물 1과 1/4컵(250㎖)을 넣어 1분간 익힌 후 잘 섞는다.

매콤 잔치국수

간장과 스리라차 소스를 활용해 매콤한 국물 맛을 내고, 냉동 채소를 넣어 간편함을 더했어요.

조리시간 _ 3분

—

재료 _ 1인분

- ▷ **곤약면** 1봉지(200g)
- ▷ **냉동 채소** 1컵(50g)
- ▷ **끓는 물** 3컵(600㎖) + 1과 1/4컵(250㎖)

소스

- ▷ **간장** 1작은술
- ▷ **스리라차 소스** 1작은술
- ▷ **베지시즈닝** 1작은술(또는 천연 조미료)
- ▷ **소금** 1/8작은술

1 곤약면과 냉동 채소를 체에 밭쳐 끓는 물 3컵(600㎖)을 부어가며 데친 후 그릇에 담는다.

2 소스 재료와 끓는 물 1과 1/4컵(250㎖)을 넣는다.

tip. 냉동 채소 대신 집에 있는 자투리 채소를 활용한다면, 달군 팬에 살짝 볶아 고명으로 올려도 좋아요.

200kcal↓

브로콜리 크림리소토

전자레인지로 빠르게 만들 수 있는 초간편 크림리소토입니다. 크림 대신 두유를 사용해 칼로리를 낮췄어요.

조리시간 _ 3분

—

재료 _ 1인분

- ▷ **잡곡밥** 1/4공기(35g)
- ▷ **곤약쌀** 20g
- ▷ **무가당 두유** 2큰술
- ▷ **슬라이스 치즈** 1/2장
- ▷ **다진 브로콜리** 10g
- ▷ **소금** 약간
- ▷ **후춧가루** 약간

1. 내열 용기에 곤약 잡곡밥, 두유를 넣고 소금, 후춧가루를 뿌린다.
2. 슬라이스 치즈, 브로콜리를 넣고 전자레인지(700W)에 넣어 1분 30초 ~ 2분간 익힌다.

토마토리소토

토마토 파스타소스와 곤약밥으로 간편하게 만들 수 있는 토마토리소토에요. 곤약쌀의 탱글한 식감이 재미있는 메뉴랍니다.

조리시간 _ 3분

재료 _ 1인분

- ▷ **곤약쌀** 200g
- ▷ **시판 토마토 스파게티 소스** 1/2컵(약 100g)
- ▷ **후춧가루** 약간
- ▷ **파마산 치즈가루** 1작은술

1. 내열 용기에 곤약쌀, 시판 토마토 스파게티 소스를 넣고 잘 섞는다.
2. 전자레인지(700W)에 넣고 2분간 익힌다.
3. 후추, 파마산 치즈가루를 뿌린다.

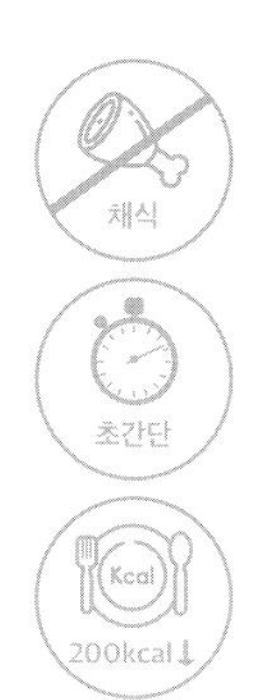

프리타타

칼로리가 낮은 달걀흰자와 채소를 듬뿍 넣어 만든 고단백 저칼로리 레시피입니다.

조리시간 _ 3분

—

재료 _ 1인분

▹ **달걀흰자** 2개분
▹ **시금치** 1/5줌(10g)
▹ **파프리카** 1/4개(40g)
▹ **방울토마토** 3개(36g)
▹ **무가당 두유** 2큰술(30㎖)
▹ **소금** 약간
▹ **후추** 약간

1 시금치, 파프리카는 한입 크기로 썬다. 방울토마토는 2등분한다.

2 내열 용기에 모든 재료를 넣고 잘 섞는다.

3 전자레인지(700W)에 넣고 2분간 익힌다.

• ㄱㄴㄷ순

· 재료순

초판 1쇄 발행 2019년 09월 30일

지은이 이정미
펴낸이 김영조
콘텐츠기획2팀 구효선, 김유진
콘텐츠기획1팀 정보영, 서수빈
디자인팀 왕윤경
마케팅팀 이유섭, 배태욱
경영지원팀 정은진
펴낸곳 싸이프레스
주소 서울시 마포구 양화로7길 4-13(서교동, 392-31) 302호
전화 (02) 335-0385/0399
팩스 (02) 335-0397
홈페이지 www.cypressbook.co.kr
이메일 cypressbook1@naver.com
블로그 blog.naver.com/cypressbook1
포스트 post.naver.com/cypressbook1
인스타그램 @cypress_book
출판등록 2009년 11월 3일 제2010-000105호

ISBN 979-11-6032-069-5 13590

· 이 책은 저작권법에 따라 보호를 받는 저작물이므로 무단 전재 및 무단 복제를 금합니다.
· 책값은 뒤표지에 있습니다.
· 파본은 구입하신 곳에서 교환해 드립니다.
· 싸이프레스는 여러분의 소중한 원고를 기다립니다(cypressbook1@naver.com).

이 도서의 국립중앙도서관 출판예정도서목록(CIP)은 서지정보유통지원시스템 홈페이지(http://seoji.nl.go.kr)와 국가자료종합목록 구축시스템(http://kolis-net.nl.go.kr)에서 이용하실 수 있습니다. (CIP제어번호 : CIP2019035080)

인생 몸매 만들기의 시작,
식습관 개선 칼로리컷 다이어트
14일 챌린지

칼로리컷 다이어트를 언제부터, 어떻게 시작해야 할지 막막하다면
오늘부터 14일 챌린지에 도전해보세요.
왕성했던 식욕이 잦아들고, 부기가 빠져 가벼워질 거예요.

☑ 하루 섭취 칼로리는 총 700~900kcal로 맞췄어요

식단표는 아침 / 점심 / 저녁을 모두 합쳐 800kcal 내외로 구성했어요. 간식으로 견과류, 식물성 우유 등을 섭취하는 것을 포함해도 하루 약 1,000kcal로 칼로리가 낮아요. 하지만 식이섬유가 풍부한 채소와 곤약면 등의 식재료를 활용한 메뉴라서 포만감은 크답니다.
다이어트 식단에 적응할 수 있도록 1주차 식단은 2주차에 비해 칼로리가 조금 더 높고 포만감도 더 좋은 메뉴로 구성했고, 2주차 식단은 식습관 개선을 위해 하루 섭취 칼로리(간식 제외 아침, 점심, 저녁 칼로리)를 평균 750kcal 정도로 조금 더 낮춰 더 큰 감량 효과를 느낄 수 있도록 구성했습니다.

☑ 초보자도 따라 하기 쉽게 식단을 구성했어요

평일 아침은 만들기 쉽고 디톡스 효과도 있는 스무디로, 조금 더 여유가 있는 주말 이틀간은 일반 칼로리컷 식단으로 준비했습니다. 대부분의 식단은 전날 저녁 요리를 활용하여 다음날 점심 도시락을 준비할 수 있도록 세심하게 메뉴를 구성하였답니다. 조리 시간과 도시락 준비 시간을 줄일 수 있어, 쉽게 식단을 따라 하실 수 있을 거예요.

☑ 장을 볼 때 편리하도록 식재료 리스트를 만들었어요

식단표(186쪽)는 가위로 오린 후 냉장고나 잘 보이는 곳에 붙여두고, 식재료 리스트(187~188쪽)는 스마트폰으로 사진을 찍거나 식단표와 함께 오려서 들고 다니며 장 볼 때 참고하세요.

칼로리컷 다이어트 14일 식단표

Day	아침	점심	저녁	하루 섭취 총 칼로리
1일차	비타민 스무디 31쪽_177kcal	중국식 가지덮밥 82쪽_247kcal	라쟈나 58쪽_397kcal	821kcal
2일차	항산화 스무디 30쪽_213kcal	나시고랭 80쪽_291kcal	불고기전골 + 곤약 잡곡밥 106쪽_265kcal	769kcal
3일차	디톡스 스무디 30쪽_121kcal	불고기비빔밥 141쪽_306kcal	치킨 엔칠라다 64쪽_326kcal	753kcal
4일차	혈액순환 스무디 31쪽_247kcal	마파두부덮밥 84쪽_331kcal	하머스 플레이트 + 통밀빵 132쪽_292kcal	870kcal
5일차	에너지 스무디 31쪽_303kcal	하머스 오픈토스트 144쪽_153kcal	오징어볶음 + 곤약 잡곡밥 110쪽_350kcal	786kcal
6일차	브로콜리 크림수프 48쪽_167kcal	오징어 고추장파스타 141쪽_395kcal	오야꼬동 72쪽_354kcal	916kcal
7일차	팬케이크 148쪽_283kcal	시금치 퀘사디아 62쪽_287kcal	치킨너겟 + 샐러드 118쪽_300kcal	870kcal
8일차	항산화 스무디 30쪽_213kcal	미니 치킨버거 143쪽_396kcal	고추잡채 104쪽_221kcal	830kcal
9일차	디톡스 스무디 30쪽_121kcal	고추잡채김밥 140쪽_190kcal	일본식 채소커리 70쪽_366kcal	677kcal
10일차	혈액순환 스무디 31쪽_247kcal	새우 토마토리소토 56쪽_284kcal	오꼬노미야키 126쪽_226kcal	757kcal
11일차	비타민 스무디 31쪽_177kcal	양배추토스트 144쪽_271kcal	찹스테이크 114쪽_291kcal	739kcal
12일차	에너지 스무디 31쪽_303kcal	갈릭 스테이크볶음밥 142쪽_246kcal	에그인헬 136쪽_259kcal	808kcal
13일차	콩국수 176쪽_96kcal	로제파스타 145쪽_220kcal	닭볶음탕 + 곤약 잡곡밥 116쪽_396kcal	712kcal
14일차	김치돌솥밥 88쪽_196kcal	닭볶음탕 김치볶음밥 142쪽_312kcal	페타치즈 새우피자 128쪽_265kcal	773kcal

※ 통밀빵 1쪽 67kcal, 샐러드 채소 40g 8kcal

1주차 식재료 리스트 (1일차 아침~7일차 저녁+8일차 점심)

☑ 14일 챌린지용 기본 양념

감자전분 □
고춧가루 □
고추장 □
국간장 □
굴소스 □
다진 마늘 □
다진 생강 □
맛술 □
베지시즈닝 □
소금 □
스리라차 소스 □
스테비아 □
식초 □
액젓 □
올리브오일 □
정제 코코넛오일 □
참기름 □
칠리파우더 □
코코넛설탕 □
통깨 □
하프 마요네즈 □
케찹 □
후춧가루 □

☑ 상온 제품

다시마 사방 5cm 1장 □
잡곡쌀 1과 1/6컵(175g) □
불린 병아리콩 3/4컵 □
스파게티면 1줌(70g) □
토마토 스파게티 소스 1과 1/2컵((360g) □
병조림 올리브 7개 □
두반장 1과 1/2큰술 □
무가당 두유 635㎖ □
코코넛워터 850㎖ □
치킨 튀김가루 2와 1/6큰술 □
파슬리가루 약간 □
카카오파우더 1/2큰술 □
머스타드 2작은술 □
통밀 식빵 1/2장 □

☑ 채소, 과일

가지 1개 □
당근 1과 1/6개 □
양파 3과 1/2개 □
대파 10cm 9대 □
애호박 1과 1/8개 □
양배추 2와 2/3장 □
적양배추 2장 □
파프리카 1/4개 □
브로콜리 1/5개(70g) □
시금치 3줌 □
청상추 2장 □
새싹채소 1/2줌 □
쌈케일 3장 □
쪽파 1줄기 □
셀러리 1/2대 □
마늘 1쪽 □
생강 1톨 □
단호박 115g □
비트 40g □
방울토마토 5개 □
토마토 1과 1/3개 □
표고버섯 3과 2/3개 □
느타리버섯 2와 2/3줌 □
레몬 1개 □
바나나 4개 □
블루베리 1/3컵 □
아보카도 1/4개 □
오렌지 1과 1/2개 □
사과 1개 □

☑ 냉장 제품

묵곤약 135g □
곤약쌀 1과 3/4봉지(350g) □
달걀 4개 □
두부 큰 팩 1/2모(150g) □
블렌드 슈레드 치즈 7과 1/2큰술 □
포두부 11장 □
파마산 치즈가루 1큰술+2작은술 □
슬라이스 치즈 1장 □

☑ 육류, 해산물

닭안심 11쪽(385g) □
소고기 앞다릿살 80g □
손질 오징어 2/3마리 □

☑ 기타

건조 콩단백 5조각(600g) □
또띠아 1장(지름 20cm) □
오트밀가루 2큰술(16g)
베이킹파우더 1/2작은술 □
메이플시럽 1/2큰술 □

2주차 식재료 리스트

상온 제품

고형 커리 1조각(25g) □
토마토퓨레 1큰술+1/2작은술 □
펜네 60g □
통밀식빵 1장 □
스테이크 소스 1큰술 □
무가당 두유 420㎖ □
잡곡쌀 1과 1/6컵(175g) □
토마토 페이스트 2와 1/2큰술 □
가쓰오부시 1/4컵(2.5g) □
카카오파우더 1/2큰술 □
굴소스 1작은술 □
부침가루 4큰술 □
토마토 스파게티 소스 2컵(480g) □
김밥 김 2장 □
파슬리가루 약간 □
코코넛워터 850㎖ □

채소, 과일

당근 1개 □
애호박 3/4개 □
파프리카 2와 5/6개 □
시금치 1/2줌+3줄기 □
쌈케일 3장 □
마늘 3쪽 □
비트 40g □
오렌지 1과 1/2개 □
바나나 3개 □
토마토 1/3개 □
양파 2와 1/4개 □
양배추 약 7장(손바닥 크기, 170g) □
피망 1개 □
청상추 3장 □
바질 잎 2~3장 □
생강 1톨 □
방울토마토 10개 □
사과 1개 □
블루베리 1/3컵 □
대파 13cm □
적양배추 2장 □
오이고추 4개 □
오이 1/5개
셀러리 1/2대 □
새송이버섯 2와 2/3개 □
청양고추 1/4개 □
레몬 1/2개 □
아보카도 1/4개 □

냉장 제품

곤약면 1봉지(200g) □
두부 큰 팩 1/2모(150g) □
배추김치(80g) □
콩 국물 1컵(200㎖) □
곤약쌀 1과 3/4봉지(350g) □
블렌드 슈레드 치즈 3큰술 □
단무지 2줄(김밥용, 15g) □
달걀 4개 □
파마산 치즈가루 2작은술 □
톳 30g □

육류, 해산물

닭안심 5쪽(175g) □
소고기 채끝살 135g □
냉동 생 새우(대) 12마리 □

기타

건조 콩단백 27g □
또띠아 1장(지름 20cm) □